艺术品鉴赏与投资丛书

GUDIAN JIAJU
JIANSHANG YU TOU ZI

古典家具
鉴赏与投资

王立军 ○ 编著

中国书店

图书在版编目（CIP）数据

古典家具鉴赏与投资 / 王立军编著. — 北京：中国书店，
2012.1

（艺术品鉴赏与投资丛书）

ISBN 978-7-5149-0199-3

Ⅰ.①古… Ⅱ.①王… Ⅲ.①家具—鉴赏—中国—古
代②家具—投资—中国—古代 Ⅳ.①TS666.202②③F724.785

中国版本图书馆CIP数据核字（2011）第218966号

古典家具鉴赏与投资

王立军 / 编著

责任编辑：袁　瀛

出版发行：**中国书店**

地　　址：北京市西城区琉璃厂东街115号

邮　　编：100050

印　　刷：北京市十月印刷有限公司

开　　本：787毫米×1092毫米　1 / 16

版　　次：2012年1月第一版　2012年1月第一次印刷

字　　数：228千字

印　　张：14

书　　号：ISBN 978-7-5149-0199-3

定　　价：78.00元

前言

家具是人类在社会生活、生产中使用的器具。中国家具历史悠久，约产生于新石器时代。从新石器时代到秦汉时期，受文化和生产力的限制，家具都很简陋。人们席地而坐，家具种类不多，且均为低矮型。南北朝以后，高型家具渐多。至唐代，高型家具日渐流行，席地坐与垂足坐两种方式交替消长。至宋代，垂足坐的高型家具普及，成为人们起居作息家具的主要形式。至此，中国传统木家具的造型、结构已基本定型。

明代是中国古典家具迅速发展期。随着社会经济、文化的发展，中国传统家具在工艺、造型、结构、装饰等方面日臻成熟，出现了与住宅配套使用的各种家具，并采用多种特种工艺进行装饰，形成了著名的"明式家具"。特别是在明代中期，出现了以各种进口珍稀木材为主的硬木家具，工艺精湛，在世界家具中独树一帜。

清代家具在"明式家具"的基础上继续发展，以体量增大、注重雕饰、注重用途、有地方特色等特点而成为清式家具。

20世纪初，受外来家具的影响以及城市出现了新型住宅，出现了"西式中做"的新式民国家具。

现代仿古硬木家具在近20年来发展很快，成为人们收藏的另一热点。

本书分五章，前四章以图文并茂的编排方式对中国古典家具进行全方位解读，让读者了解古典家具的发展概况、用材、制作工艺、典型样式及陈设方式等，内容丰富翔实，令人大开眼界。第五章重点介绍明清硬木家的收藏与投资要点及技巧，有助于读者理性投资。

目录

第二章 古典家具用材鉴识

第四章　**古典家具式样鉴赏与陈设**

第五章　古典家具收藏与投资

第一章 古典家具概况

　　现代人收藏、重视的古典家具，指明代以来的硬木家具。中国家具发展到明代，在宋代家具的基础上发扬光大，种类齐全，款式繁多，用材考究，造型朴实大方，结构合理规范，做工严谨，形成了鲜明的明代家具风格。特别是以各种硬木制成的家具，制作工艺达到巅峰，在世界家具中独树一帜。

古典家具与中国传统文化

中国古典家具作为社会物质文化的有机组成部分，与中国传统文化中顺应自然、"天人合一"的哲学思想，传统建筑结构，传统等级观念和道德观念等方面有着密切的联系。

取法自然

中国古代五行学说认为，金、木、水、火、土五种要素构成了宇宙间的一切事物。木代表春季，属东方，青色，属青龙星象，被看作是天地之道的根本。古典家具取材于自然，材质为木，制作时力求顺应自然，与自然相和谐，体现出"天人合一"的自然观。

"天人合一"是中国古代哲学思想的精粹。儒家主张"天人合一"，认为"天人之际，合而为一"，将人与天地万物看成一个整体。道家也主张"天人合一"、"道法自然"，认为人与自然合为一体。《庄子·齐物论》中的"天地与我并生，而万物与我为一"，就明确提出了"天人合一"的思想。禅宗主张通过修行破除妄执，解脱生死烦恼，明心见性，在精神上达到"天人合一"的境界。古典家具以自然之木为材，纹理、色泽天然，采用自然界的动植物、人物、景物、器物等图案作为纹饰，体现出"天人合一"的自然美。

青龙瓦当（西汉）

五行运行图

火代表夏季，是南方之神，红色，属朱雀星象。
木代表春季，是东方之神，青色，属青龙星象。
土代表中央，黄色。
金代表秋季，是西方之神，白色，属白虎星象。
水代表冬季，是北方之神，黑色，属玄武星象。

效法建筑结构

中国古典家具与传统建筑联系紧密。传统建筑促进了古典家具结构方式的演变，不管是家具的整体构架，还是细部结构，几乎都能在建筑结构中找到相似的原型。

✿ 木构架建筑

距今约一万年前后的新石器时代初期，人类已具备了较为发达的房屋建筑技术。随着原始农业的出现，人类修建了地穴式、半地穴式的"棚屋"，以及干栏式建筑等木结构建筑。距今约7000年的浙江余姚河姆渡遗址中的干栏式建筑遗迹，多数木构件采用燕尾榫、带有销钉孔的榫和两侧向里刮出规整凹凸嵌槽的企口板等结构形式，为后来木质家具构件的制作奠定了技术基础。

从原始社会末期起，木构架建筑中的抬梁式使用范围最广，在柱上和内外檐的枋上普遍安装斗栱，室内空间加大，逐渐出现了床、榻、桌、案、椅、凳等高型家具，与人们从席地坐向垂足坐起居方式的转变相适应。在这些家具上往往会看到当时流行的建筑木作技术的影子。

明清古典家具和木结构建筑有着异曲同工之妙，家具的一些结构和装饰工艺效仿木结构建筑。如家具上起承托和装饰作用的牙子就是根据雀替仿作

的；无束腰家具的圆形腿足，就是仿建筑的立柱，有的足部呈鼓状，即是从柱础引申而来；而架子床、拔步床、圆角柜等家具的结构，则深受木构架建筑梁柱式框架结构的影响。

✿ 佛教建筑中的须弥座

隋唐时期，大量兴建佛座、佛塔等佛教建筑。在云冈石窟和莫高窟的隋唐雕塑、佛塔中多出现须弥座，它既是佛像的基座，也是佛塔的塔基，对隋唐及后世家具有着极大的影响。

须弥座分为上、中、下三部分，上部和下部称为"叠涩"，由数条直线组成，中间收缩的部分称做"束腰"。须弥座的样式随着寺庙和石窟造像的不断增加而复杂多变。特别是中间的束腰部分，装饰图案丰富多彩，有立柱、大力神、卷草、莲花瓣、壶门等纹饰，各具特色。

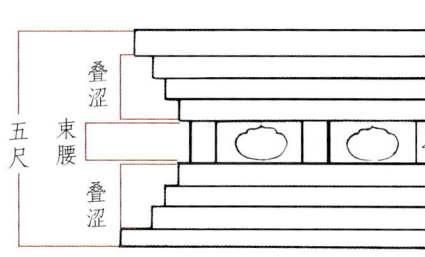

叠涩
束腰
五尺
叠涩

《营造法式》殿阶基示意图（宋）

家具的束腰源于须弥座，而须弥座实际上就是大型的壶门台座。《法式》"殿阶基"中的"束腰"即是须弥座中间收缩、有立柱分格、平列壶门的部分；"叠涩"是位于束腰之下或之上，依次向外宽出的各层。

3

受佛教建筑须弥座整体结构的启发，木匠们创造出了带束腰的新型古典家具形态。方形榻就是仿须弥座中间的壸门束腰部分制作出来的。束腰家具最早出现在东晋，唐代以后层出不穷，步入辉煌，流传时间很长，对后世古典家具影响极大。

冰盘沿线脚

束腰：家具中的束腰较窄，和宋代须弥座上的束腰形态极为相似，名称也相同。

托腮：和须弥座束腰之下的叠涩所处的位置相同。

高束腰茶几局部

《校书图》中的方形榻 杨子华（北齐）

蕴含传统等级观念和道德观念

古典家具受中国传统的等级制度和社会道德规范的影响，体现出严格的等级观念和伦理道德观念。《周礼·春官·司几筵》规定：司几筵主管五种几、五种席垫的名称、品质，辨别它们的用途，并依据不同的法则进行陈设。

❀ 五几、五席的等级之别

五几指玉几、雕几、彤几、漆几、素几，各有不同的装饰手法，故名。玉几镶嵌玉片或贝壳；雕几雕刻有精美的花纹；彤几即红色漆几；漆几即黑色漆几；素几是以白色或白花纹饰几。五几中玉几的等级最高，雕几的等级次于玉几。在古代，几还是敬老之具，大夫满七十岁辞官时，就要赐予几杖。《礼记·曲礼》中就有"大夫七十而致仕，若不得谢告，则必赐之几杖"的记载。在赐几杖时，须以手托之，为表示尊敬，还要拂拭一下几杖。按照古代习俗，通常在右侧为神灵或祖先设几，叫右几、神几；偶尔也在左侧为老人或尊者设几，叫左几、人几。左几的设立不仅是对长者或尊者的一种礼遇，也体现了古典家

《高逸图》中的席
孙位（唐）

5

具在古代礼仪中所具有的道德观念。

五席包括莞席、藻席、次席、蒲席、熊席五种席子，质地各不相同。莞席用蒲草编制，较粗糙，铺设在下层，作为筵，其余四席均铺在莞席的上面，供人坐用。席在使用中数量的多寡，体现出等级差别。《礼记·礼器》中记载"天子之席五重，诸侯之席三重，大夫再重"，表明为天子设席要五重，诸侯三重，大夫两重，均不包括下层的莞席，可见当时等级观念的森严。席有长短之分，长席能坐三四人，短席能坐二人，最短的席仅能坐一人。一人席的等级比二人席高，二人席的等级又比三人席或四人席高。

汉代平民坐席还有很严格的规矩，父子不能同席而坐，已出嫁的姑母、姐妹、女儿等回娘家后，兄弟不能与她们坐同一张席。长者或尊者与其他人同坐一席时，要坐在席的首端，同席的人还要尊卑相当，身份、地位不能悬殊过大，以免让长者或尊者感觉受辱。而且同席而坐的人数较多时，其中的长者或尊者就要设一席别坐。

❀ 胡床等坐具的等级之分

古典家具中的胡床、禅椅、交椅等坐具也有着明显的等级划分。胡床为地位、身份较高的人使用，最先在寺院流

《桐荫书静图》中的交椅 仇英（明）

行，之后进入皇家贵族。禅椅是唐代等级较高的坐具，特供帝王、高僧们坐用。交椅作为世宦大家的常备坐具有着较高的等级，仅次于帝后的金玉椅。交椅在元、明时期地位仍很尊贵，仅限于男主人或贵客来访时使用。

❀ 家具用材、装饰物的等级

此外，古典家具的等级之分，还体现在用材、装饰物的优劣上。宫廷中的古典家具在用材和装饰物上就明显高于民间的古典家具。而且宫廷里的各级宫殿、机构中使用的家具也因宫殿、机构级别的不同有所差别。帝、后、妃、嫔等使用的家具，也有着明确的等级划分。据清宫《钦定宫中现行则例》记载，皇帝和太后使用黄花梨木纯金云纹包角宴桌，皇帝两张，太后一张；皇后使用黄花梨纯银镀金云纹包角宴桌；皇贵妃、贵妃使用黄花梨铜镀金云纹包角宴桌；嫔以下使用黄花梨铁镀金云纹包角宴桌。

历代家具的特征

中国古典家具历史悠久，从远古时期、夏、商、西周、春秋战国、秦、汉、魏晋南北朝、隋、唐、五代、宋、元、明、清直到民国，经历了萌芽、发展、成熟、鼎盛至中西融合的发展历程，形成了具有东方艺术风格的家具体系。

史前家具

史前家具随着石器工具和原始木作技术的出现而出现，为劳动者的生产活动服务，实用性明显，形制笨拙。

❀ 漆木家具

木、竹家具易腐不易保存，因而有关出土实物并不多见。新石器时代，人们已掌握了漆器制作技艺，并广泛应用于家具制作中。中国社会科学院考古研究所曾在 1978 年至 1980 年间发掘山西襄汾县陶寺村新石器时代晚期遗址时，出土了大批木制长方平盘、案、俎、几等彩绘家具。在浙江余姚河姆渡遗址出土的漆木碗，外表涂朱色生漆，是中国迄今为止最早的一件漆器。

❀ 编织席

远古时期，人们不仅能熟练地编

锦缘莞席（西汉）
湖南长沙马王堆 1 号汉墓出土，湖南省博物馆藏。

织席，还能编织出各种纹样。在浙江余姚河姆渡遗址和浙江吴兴县钱山漾遗址中出土了不少竹席和篾席等编织席的实物。席的编织方法较为成熟，有一经一纬、二经二纬的人字形、十字形、菱花形、格子形及梅花眼、辫子口等多种多样的编织工艺。

夏商西周时期的家具

夏、商、西周时期，人类进入青铜时代。据文献记载，夏代就已铸造青铜容器和兵器。商代青铜冶炼技术发达，奴隶主用青铜制作兵器、车辆、礼器、食器和家具，形成了独特的青铜文化。

商代处于奴隶制早期，奴隶主通过祭祀方式与神灵相通，青铜家具主要用于祭祀，有着浓厚的宗教色彩。西周是奴隶制兴盛时期，奴隶主阶级为了协调内部的各种关系，巩固王权，建立"周礼"制度，分尊卑、明贵贱，并把"周礼"制度贯彻到社会生活的方方面面，因此西周的家具带有鲜明的礼器功能。

商、周时期的家具以青铜家具和石

夔纹禁（西周）
高 23 厘米，长 126 厘米，宽 46.6 厘米，天津市历史博物馆藏。

质家具为主，主要是俎、禁等置物类家具，作为祭器，具有礼器的职能，装饰纹样以饕餮纹、夔纹、蝉纹、云雷纹等为主，神秘威严。俎是祭祀或宴飨时屠宰牲畜、放置祭品的案子。禁是祭祀时承放酒器的台子，造型浑厚古拙。西周还出现了髹漆技术，漆木家具逐渐兴起，家具上镶嵌蚌壳、髹饰花纹，成为漆器髹饰工艺中螺钿的源流。

春秋战国时期的家具

春秋战国时期的家具以青铜家具和漆木家具为主，呈低矮格局，注重装饰，艺术观赏性增强，家具种类增多且不断创新，从礼器职能逐步向生活日用器物过渡。特别是漆木家具漆绘精美，具有轻便、坚固、防腐、耐热、耐酸等优点，成为高档的主流家具，并逐步代替了青铜家具。

❀ 青铜家具

青铜家具规整圆润，简练中富于变化，繁复却不凌乱，镂空的几何图案、轻薄的器壁，体现出轻巧灵秀的特征。焊接、镶嵌、蜡模等新的制作工艺的运用，使青铜家具式样精巧玲珑，多姿多彩，取代了商周青铜家具神秘威严的宗教气氛。这时期的青铜家具在前代禁、俎等品类的基础上，出现了新品种青铜案，承载饮食之用。

❀ 漆木家具

漆木家具进入空前繁荣的时代，精美绝伦，彩漆木床、几案、屏风等漆木家具大量出现，制作工艺和装饰手法等均明显改观。漆饰家具漆彩丰富，黑地上配以红、绿、黄、金、银等多种颜料，绚丽多彩；浮雕、透雕等雕刻手法广泛运用，技艺精湛。此外，家具上还常配以青铜器扣件、竹器或镶嵌玉石等，使木质家具牢固耐用，并极具装饰性。

禽兽纹俎（春秋）

长 24.5 厘米，宽 19 厘米，高 14.5 厘米，湖北省宜昌博物馆藏。

秦汉时期的家具

秦汉时期的家具仍以低矮型家具为主。漆木家具进入继战国以后的又一个高峰时期，与玉制家具、竹制家具和陶质家具等共同形成了供席地坐的完整组合家具系列。

❀ 漆木家具

汉代漆木家具精美轻巧，光亮照人，以几、案、箱、柜、床、榻、屏风等为常见品种，完全取代了青铜家具而占据主导地位。漆木家具在工艺制作方面分工更细，工艺技法上除沿用传统的彩绘、油彩、堆漆、锥划等装饰方法外，金银箔贴花与镶嵌工艺大为盛行。漆饰后，有的家具还配以鎏金铜饰件，更显华贵。

❀ 家具发展趋势

东汉后期，高型家具随着西北少数民族文化进入中原而出现，家具制作出现新的发展趋势。轻便的折叠坐具胡床从西域传入宫廷，以及床榻的广泛使用，说明人们的起居方式由席地而坐向以床榻为中心的生活方式转变，家具也开始由低矮型向高型演进。

黑漆云纹长方奁（西汉）

通高21厘米，长48.5厘米，宽25.5厘米，湖南省博物馆藏。

奁盖和上层的外壁用白色凸起的线条勾纹理，内用矿物颜料调油填朱、绿两色卷云纹，富丽豪华。下层外壁无纹饰。出土时内盛漆面纱帽和附属物。

魏晋南北朝时期的家具

魏晋南北朝时期人们仍习惯于席地而坐，家具也多为低矮型。南北朝是中国民族大融合的时期，从西北民族传入中原的家具，不仅有胡床，还有椅子、方凳、圆凳等高型坐具，与中原家具融合后，部分地区出现了渐高型家具，垂足而坐的生活起居方式已被越来越多的人所接受。

✿ 家具特征

魏晋南北朝时期出现的渐高型家具有矮椅子、矮方凳、矮圆凳等，床上增设床顶和床帐，床榻之上出现能倚靠的长条形弯曲三足几，然而这些渐高型家具只在上层贵族和地位较高的僧侣阶层流行。家具装饰体现出浓厚的宗教色彩，出现反映佛教文化的题材，形成婉雅秀逸的风格。

✿ 漆家具

魏晋南北朝时期漆器生产不像秦汉时繁荣，但漆器制作技术出现了新的发展。漆家具仍是高档家具的主流，并出现了斑漆、绿沉漆、漆画和金银参镂带等新的装饰技艺。

隋唐五代时期的家具

隋唐五代时期，垂足而坐的起居方

彩漆列女图屏风残件（北魏）

高 80 厘米，残宽 20 厘米，厚 2.5 厘米，山西省博物馆藏。

式较为普遍，席地而坐的生活方式仍然保存着，出现高低型家具并存的局面，高型家具的品类基本具备，为宋代高型家具的普及奠定了基础。

✿ 隋唐家具

隋唐时期，家具雍容华贵，造型华美，宽大舒展，修饰繁缛，床榻上使用壶门结构，使家具坚固，富有装饰性。

11

髹漆家具上使用螺钿镶嵌、金银平脱、金银绘等技术，漆饰光亮滑润。唐代，人们已使用桌、椅、凳等高足家具。

椅子种类繁多，除扶手椅、圈椅、宝座外，还有竹、漆木、树根等不同材质的椅子。

❀ 五代家具

五代家具的造型和风格一改唐代家具的浑圆、厚重，而是趋于理性，崇尚简洁，朴实大方，家具腿部多作直线处理，没有过多的弧线弯曲，少有雕饰，以素洁为主，为宋代家具风格的形成产生了重大影响。

宋元时期的家具

宋代家具呈现出挺拔、秀丽的风格特点，仅在局部雕镂，取得以少胜多的装饰效果，朴素雅致，为明清家具走向辉煌奠定了基础。宋元时期是中国古典家具的发展时期，出现大量新型家具，家具形体普遍增高增大，形成了以桌、椅、凳为中心的垂足而坐的起居格局。

❀ 宋代家具

宋代高型家具发展迅速，品种基本齐全，除承袭前代的式样外，还出现了琴桌、交椅等许多新的品种。仅高型坐

《韩熙载夜宴图》中的家具 顾闳中（五代）
图中所描绘的家具造型，已非常适合垂足而坐的生活习惯，但只局限于统治阶级少数人使用。

《蕉荫击球图》中的桌、交椅 佚名（宋）

具就有被称为太师椅的交椅、圈椅、四出头官帽椅、南官帽椅、靠背椅、大方凳、小方凳、条凳、绣墩等多种样式。还出现了中国最早的组合家具燕几。

🌸 元代家具

元代家具在沿袭宋代家具传统的基础上，也有新的发展，出现了罗锅枨椅、霸王枨椅和束腰凳、抽屉桌等新结构的家具。元代家具的主要特点是形体厚重，多用云头、转珠、委角等线脚作装饰，髹漆、雕花、填嵌和雕漆工艺取得了长足发展。

明代家具

明代隆庆初，海禁解除，海外贸易得到恢复和发展，中国商品大量出口，海外的货物源源不断地输入中国，其中包括东南亚地区产出的紫檀木、花梨木等优质硬木料，为明代中期硬木家具的兴起提供了充足的物质条件。

明代硬木家具最早产生于我国苏杭一带。明代中期的长江下游地区，手工业、商业、水路运输发达，社会财富急剧增长，追求享乐、竞尚奢华的风气

13

流行，民居建筑和私家园林修建极为兴盛。据《苏州府志》记载，明代苏州共建有 271 处园林。民居建筑都设有厅堂、书斋与卧室，需要陈设高档次家具，因此出现了各种与建筑空间相适应的桌案类、椅凳类、床榻类、柜架类等家具。

✿ 家具用料

明代家具用料考究，多用黄花梨、紫檀木、新花梨、酸枝木、鸡翅木、核桃木、楠木、槐木、榆木等硬木制作，用料统一，木质坚硬，耐腐耐用，纹理匀称，色泽幽雅，古朴端庄，突出木质的天然之美，体现古人崇尚自然、师法自然的艺术宗旨。

黄花梨圈椅（明）

✿ 家具特征

明代家具结构严谨、造型简洁、秀丽、朴素，装饰洗练，不事雕琢，强调线条的优美，仅在部分构件上作小面积的雕饰，结构合理，讲究榫卯结构的巧妙和制作工艺的精巧，体现出清新明快、隽永大方的艺术风格。

明式家具的广义和狭义

广义的明式家具不仅指明代制作的硬木家具和杂木家具，还包括具有明式风格的近现代家具。

狭义的明式家具指明至清前期材质精美、做工精良、造型优美的家具。这一时期的家具，无论从数量上还是从艺术价值的角度来看，都可称之为传统家具的精品之作。

清代家具

清代家具品种丰富，式样多变，装饰华丽，用材厚重，以豪华繁缛为风格，充分发挥雕刻、镶嵌、彩绘等技法，并吸收西洋文化的长处，大胆创新，威严、稳重、豪华，一改明代家具朴素、轻巧、优美的风格。

❀ 家具用材

清代顺治、康熙时期家具用材，首选黄花梨，其次是紫檀木、铁力木、乌木、鸡翅木等。

由于当时房屋采用直棂门窗，糊上纸，室内光线较暗，加之此时从海外输入中国的黄花梨木料较多，所以色调明快的黄花梨家具受到人们的喜爱。到清代雍正、乾隆时期，家具用材首选紫檀木，因为此时黄花梨木材已经枯竭，而紫檀木还有一定的库存，而且此时玻璃传入中国，宫廷的窗户均安上玻璃，室内采光明显改善，颜色深沉的紫檀木家具开始受到青睐。嘉庆、道光时期以后的家具，由于名贵硬木短缺，多用酸枝木制作。

❀ 雕刻和镶嵌

在装饰手法上，雕刻的刀工细致入微，借鉴牙雕、竹雕、漆雕等技法，有线雕、浮雕、透雕、圆雕，磨工十分讲究，将雕刻部位打磨得线脚分明、光润似玉。镶嵌材料较多，有木、竹、象牙、玉石、瓷、螺钿、珐琅、玻璃及镶金、银饰件等。

❀ 装饰纹样

清代家具的装饰纹样丰富多样，多采用象征吉祥如意、多子多福、延年益寿、官运亨通之类的动物、植物、风景、人物、几何文字等纹饰。宫廷贵族的家具多用"双龙戏珠"、"祥云捧日"、"洪福齐天"、"五福捧寿"等代表统治者权利与财富的吉祥纹样，以及八仙、八宝等富有宗教色彩的纹样。民间老百姓的家具多用"年年有余"、"鹿鹤同春"、"凤穿牡丹"、"花开富贵"、"连生贵子"等表达老百姓生活意愿的吉庆纹样。清代后期受西洋文化影响，家具上还出现了被称作西番莲纹的西洋纹饰。

红木嵌螺钿大理石太师椅（清）

15

清式家具

　　指从清代康熙中期以后开始形成的家具风格，家具的主要制造地点有北京、苏州和广州，并形成了以产地为特色的家具流派，分别被称为"京式"、"苏式"和"广式"。京式家具和苏式家具较多地保留了中国古典家具的传统形式，广式家具受西方文化的影响较大，风格趋于"西化"。

民国家具

　　民国家具指1912年至1948年间制作的家具，受西洋家具风格的影响，出现了中西结合风格的家具，使用便利、贴近生活，很快就流行起来，从而改变了中国传统家具的风格走向，对近现代家具产生了深远的影响。

❀ 家具用材

　　民国家具多用红木和柚木，海派和东洋装家具多使用红木，西洋装的欧式家具多使用柚木。红木家具以泰国红木和印度红木为最高档材料，花梨木也是主要用材。柚木被欧洲人视为最名贵的木材之一，柚木家具仿效欧洲17世纪古典家具的巴洛克、洛可可等风格，多为洋式，造型美观，观赏性强。民国家具除了用红木、柚木制作外，也有不少是用榉木、柞木、榆木、沙榆制作的。此外，铜、铝、铁等金属材料，也被用来制作家具。

❀ 使用彩色玻璃和镀水银玻璃镜

　　陈设柜、穿衣镜、梳妆台、挂衣柜和床头柜等民国家具，大量使用彩色玻璃和镀水银玻璃镜。这些玻璃的厚度均在6毫米以上，边沿磨成坡口，抛光，有水晶的质感。

红木雕花挂衣柜（民国）

❀ 薄木镶嵌

欧式家具多运用薄木镶嵌工艺，是将颜色不同的珍贵木材镟切、半圆镟切或刨切成小薄木片，再拼成花卉图案，镶嵌在家具的表面，使家具显得富丽豪华。民国时期，许多柚木家具也广泛采用薄木镶嵌工艺，白木家具也多在家具的前脸上贴一层纹理美丽的薄红木板。

❀ 腿足式样

出现了方锥式、凹槽式、弧弯式、纺锤式、圆柱式、螺扭式等腿式，以及马蹄式、兽爪式、兽爪抓球式、方块式、莲瓣式等足式，极具欧式风格，造型优美，精雕细刻，丰富多变。

❀ 装饰纹样

在民国西洋家具的装饰雕刻中，花卉纹以玫瑰纹、葡萄纹最为流行，动物纹以狮子纹、鹰纹、羊纹最为流行，还出现了旋涡纹、垂花蔓草纹和夹穗纹等欧式纹样，一改明清家具"图必有意，意必吉祥"的装饰观念。

❀ 铜饰件

民国家具大量引入西欧风格的铜饰

巴洛克式家具

巴洛克是一种西方艺术风格。巴洛克式家具于16世纪末期发源于意大利，17世纪盛行于整个欧洲，在欧洲的宫廷之中大为流行。其特征是：造型厚重，气势雄伟，生机勃勃，线条夸张、繁复、充满动感；整体装饰和谐，善用中国漆绘进行装饰，使用半宝石、细木、天鹅绒、金箔等各种奢侈昂贵的材料拼嵌、镶嵌、作为家具的蒙面、贴面等，装饰纹样常用不规则的珍珠壳、美人鱼、半人鱼、海神、海马、花环、涡卷等纹饰；精工雕铸的人像常作为桌面的支撑腿或作为桌面下的横枨装饰。

黑檀木首饰盒（18世纪早期）

件，其中，铜拉手种类就达百种之多，除了造型呈宝瓶、花篮、箭头、双鱼、腰鼓、葫芦等状寓意吉祥的中国式拉手外，还有一些呈坠状的铜拉手，花式繁复，造型奇特，属欧式风格。铜合页轴设计成活轴，可随时取出，以适应民国家具装配式结构的需要。

✿ 成套家具

民国家具品种丰富，引进了沙发、转椅、梳妆台、挂衣柜、牌桌等家具，家具设计思路紧跟城市生活方式的改变而改变，注重实用，推出客厅家具、卧室家具、书房家具等成套的家具。

客厅家具：民国时期租借地中的洋房多设有面积较大的客厅，具有会客、休闲、展示的作用，主要摆放陈设柜、牌桌和椅子等家具。

卧室家具：民国时期西式洋房中的卧室不再是外人的禁地，一些接受欧洲文化的人对卧室家具产生了新的要求，于是出现了片床、挂衣柜、床头柜、五斗橱、梳妆台、穿衣镜、衣帽架等新式家具。

书房家具：书房除作为写作之用外还兼作客厅，陈列着书桌、书柜、书架、转椅、沙发等家具。书桌的变化很大，出现了用柚木制作的欧式写字台，作为书写之用。书柜和书架结构简单，适合西式装帧书籍的站立摆放。

洛可可式家具

洛可可也是一种西方艺术风格，18世纪产生于法国并流行于欧洲。洛可可式家具又叫"路易十五式家具"，出现并流行于18世纪初法国路易十五时期，刻意模仿巴洛克式家具风格，具有浪漫主义风格。其特征是：优美弯曲的线条和精巧纤细的雕刻相结合；家具腿式呈弯曲状，有的柜门成柔和起伏的曲面；装饰纹样以带状的旋涡纹为主，四周布满叶饰、蚌壳、水草等曲线形花纹。洛可可式的彩漆家具以黑漆和白漆为多，有华丽的贴金浮雕并镶铜，风格秀丽典雅。

坡面桌（法国路易十五时期）

古典家具的文人气质

历代文人关注家具，从汉代以来就有记载。文人们积极地参与家具的设计和制作，为古典家具的繁荣发展贡献了一份力量。

文人与古典家具

南宋文人黄伯思，明代文人曹明仲、屠隆、文震亨、高濂、戈汕、唐寅、仇英、祝允明、董其昌、文徵明等，或著书立说，或临摹名画，或在家具上题诗、钤印，将文人的审美情趣融入家具设计之中，赋予古典家具浓郁的文人气质，为古典家具的辉煌灿烂注入强大的生命力。

❀ 黄伯思与《燕几图》

南宋文人黄伯思，字长睿，别字霄宾，自号云林子，邵武（今属福建）人。所著《燕几图》是中国第一部组合家具设计图，也开了世界组合家具之先河。

《燕几图》所载宴饮使用的几，一套七张，宽度均为一尺七寸五分，便于对接；长度有七尺、五尺二寸五分、三尺五寸，长度比是 4∶3∶2，对接后可组成 25 种、76 种格局，可根据参加宴饮人数的多少进行组合，非常实用。

❀ 曹昭与琴桌

明代洪武时文人曹昭，字明仲，松江（今属上海市）人。有家学渊源，幼年随父鉴赏古物，悉心钻研，著有《格古要论》三卷。

曹昭设计了琴桌，他在《格古要论》中写道："琴桌须用维摩样，高二尺八寸，

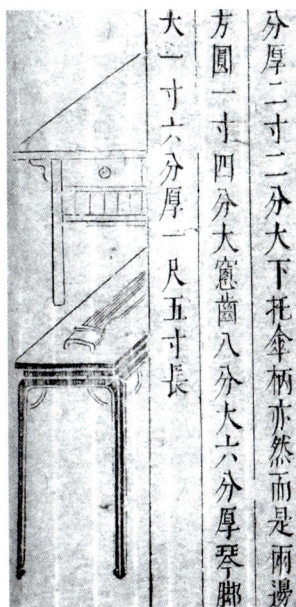

《鲁班经》中的琴桌（明）

可入漆于桌下，阔可容三琴，长过琴一尺许。桌面郭公砖最佳，玛瑙石、南阳石、永石者尤好。如用木桌须用坚木，厚一寸许则好，再三加灰漆，以黑光之。"

❀ 屠隆与郊游轻便家具

明代文学家、戏曲家屠隆字长卿、纬真，号赤水、鸿苞居士等，鄞县（今属浙江）人。万历五年（1577）进士，曾任吏部主事、郎中等官职，博学多才，著有《昙花记》、《修文记》、《采毫记》等传奇，以及《安罗馆清室》、《考槃余事》等杂著。

他在《考槃余事》中设计了郊游轻便家具，有折叠桌、折叠几、衣匣和提盒等。折叠桌展开为桌，折叠为匣，高一尺六寸，长三尺二寸，宽二尺四寸，采用两面拆脚的活动做法；折叠几高一尺四寸，长一尺二寸，宽八寸，常放置在坐具外面，可作为香几和花几，有很好的装饰效果；衣匣形制小巧，像现在的手提箱可携带；提盒分层立格，用来盛放杯盘、酒具和食物，是外出郊游必备的家具。

❀ 文震亨与滚凳

明代学士文震亨，字启美，长州（今江苏苏州）人。文徵明曾孙。曾任中书舍人，长于诗文绘画，善园林设计，著

有《长物志》、《香草诗选》、《仪老园记》、《金门录》、《文生小草》等。

《长物志》是一部研究明式家具的重要资料，具体分析和研究了椅、凳、杌、几、方桌、书桌、橱、床、榻、架、箱、屏等家具，其中将具有保健功能的滚凳列为专条。滚凳用乌木制成，长二尺，宽六寸，高如常，用四楗镶成，凳面中间有一竖枨，两边设两根可以转动的圆木，用脚踹轴，可来回滚动，有活血化瘀的功效。

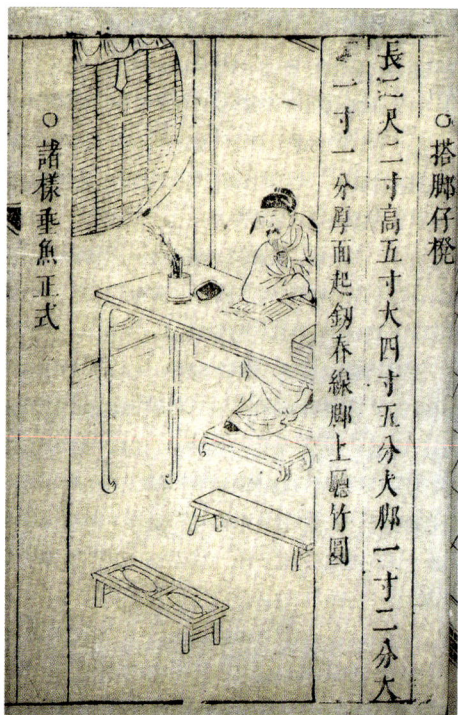

《鲁班经》中的滚凳（明）

黄花梨滚凳（明）

❀ 高濂与二宜床、欹床

明代戏曲家高濂，字深甫，号瑞南，钱塘（今浙江杭州）人。曾任鸿胪寺官，能诗文，兼通医理，擅养生，著有《玉簪记》、《节孝记》、《雅尚斋诗草》、《芳芷楼词》及杂著《遵生八笺》十九卷。

高濂在《遵生八笺》中设计了二宜床和欹床。二宜床因冬夏都可使用，所以叫"二宜"；欹床能根据使用要求调节高度，文人可用来读书、休息，也可作为花下卧赏之具。

❀ 戈汕与《蝶几图》

明代书画家戈汕，字庄乐，号岂荠，江苏常州人。能诗，善书法、绘画，所著《蝶几图》也是一部组合家具的设计图，与南宋文人黄伯思的《燕几图》有异曲同工之妙。

《蝶几图》详述了大小不等的十三具形状各异的斜三角形蝶几，其中长斜两具，右半斜两具，左半斜两具，闺一具，小三斜四具，大三斜两具，可组合变化成八大类一百三十多种家具形式。

❀ 唐寅画作中的家具设计

明代才子唐寅，字伯虎、子畏，号六如居士、桃花庵主等，吴县（今江苏苏州）人。他才华横溢，诗文擅名，画名更著。

他临摹五代顾闳中的《韩熙载夜宴图》，在其中增设了许多具有明代特色的家具，展示出他杰出的家具设计才能，也将韩府夜宴的豪华和奢侈展现得淋漓尽致。在"清吹"的画面中，唐寅增绘了一大山水折屏，屏风左侧绘一张方桌，右侧绘一个插屏，使画面的生活意味更浓。在"听乐"的画面中，通过更改条案的枨子，使其具有明式家具的显著特征。在"观舞"的画面中，在韩熙载身后增绘了一条案、一插屏，在长案后面增绘了长桌。在"休息"的画面中，增绘了折屏、插屏、月牙凳。在"清吹"的画面中，增绘了大折屏。在"宴散"的画面中，增绘了两座折屏、一张条桌和一张带有床桄、壶门的斑竹架子床。

唐寅创作《琴棋书画人物屏》四幅画，分别以琴、棋、书、画为主题，在画中描绘了画案、屏风、斑竹椅、坐墩、香几、榻、靠背椅等三十余件家具，展现出明代文人的书斋雅事、居室家具陈设等情况。

《临韩熙载夜宴图》中的"清吹"场景　唐寅（明）

《韩熙载夜宴图》中的"清吹"场景　顾闳中（五代）

《临韩熙载夜宴图》中的"宴散"场景 唐寅（明）

《韩熙载夜宴图》中的"宴散"场景 顾闳中（五代）

❀ 仇英画作中的家具设计

明代才子仇英，字实父，号十洲，江苏太仓人。漆工出身，后又作为民间画工，善画仕女，与沈周、文徵明、唐寅并称为"明四家"。

仇英在临摹宋代张择端《清明上河图》时，在展现汴京繁荣景象的同时，融入了明代社会生活的特色和人文地貌。如减少了原作中酒肆、饭馆中的方桌、长凳，在一些商业店铺中增绘了许多长柜台，而且还增绘了带托泥的方桌和长桌。

人物仕女画《汉宫春晓图》描绘的虽然是汉代宫廷中嫔妃的日常生活场景，然而画中的家具却不具有汉代低矮型家具的特色。画中的月牙凳、束腰棋桌、高型条桌等高型家具，是典型的唐代和宋代家具。

绘画中的古典家具

隋唐五代时期的家具实物留传至今的极少，通过隋唐五代时期的绘画作品可以窥见当时家具的风貌。唐代卢楞伽《六尊者像》、五代顾闳中《韩熙载夜宴图》中的家具代表了隋唐五代时期家具的典型式样。

❀ 《六尊者像》《韩熙载夜宴图》中的家具

卢楞伽在《六尊者像》中共画了经桌、香案、禅椅、方凳、香几等佛事家具，既体现出佛门家具的清雅，又展现出大唐家具装饰的华丽。五代顾闳中的《韩熙载夜宴图》展示了当时上层社会家具的基本式样、使用状况及搭配方法。画面描绘了整个夜宴的活动内容，由听乐、观舞、休息、清吹、宴散五个场景组成，涉及的家具有灯挂椅、条案、屏风、床、榻、墩等。

❀ 清代绘画中的家具

清代家具的布置在清代许多年画、版画和小说插图中都有体现，这些绘画不仅细致地描绘了清代家具使用情况，而且画中生活场景真实、生动，使人们真切地感受到当时家具的陈设情况。清代的宫廷绘画中对家具的描绘更加逼真，家具的结构准确、比例合理。绘制于清初，描绘清宫女子日常生活的《雍亲王题书堂深居图屏》，就是反映清代家具式样、装饰风格及陈设的代表之作。

《雍亲王题书堂深居图屏·之一》 佚名（清）

图中的嵌大理石书桌，木料为花梨木，束腰内翻马蹄足是明式家具的特征，而嵌大理石、攒拐子构件，则是典型的清式家具的装饰手法，因此，这是一件从明式家具向清式家具过渡的桌子。

《雍亲王题书堂深居图屏·之二》 佚名
（清）
　图中的罗汉床是典型的清式家具。

诗词中的古典家具

　　在中国古典诗词中，家具的踪迹随处可见。诗词里的家具不仅代表着字表含义的生活用具，有的还寄托着诗人的感情。

❀ 咏胡床

　　南朝梁庚肩吾《咏胡床诗》："传名乃外域，入用信中京。足欹形已正，文斜体自平。临堂对远客，命旅誓出征。何如淄馆下，淹留奉圣明。"诗中对胡床的描述生动形象。

❀ 诗词中的床

　　夜雨对床指亲友兄弟久别重逢，相聚一起，倾心交谈，排遣寂寞的雅事。唐代诗人白居易在《雨中招张司业宿》中写道："能来同宿否，听雨对床眠。"白居易的《闻虫》："暗虫唧唧夜绵绵，况是秋阴欲雨天。犹恐愁人暂得睡，声声移近卧床前。"这只秋虫似乎懂人的心事，唧唧着移向卧床前。宋代诗人苏

《校书图》中的胡床 杨子华 （北齐）

25

轼在《九月十四日东府雨中作示子由》中写道"对床空悠悠，夜雨今萧瑟"，在《送刘寺丞赴余姚》中写有"中和堂后石楠树，与君对床听夜雨"。可见，诗中所写的床，饱含诗人对亲朋挚友的深情。

❀ 赞柏木书柜

唐代白居易《题文集柜》："破柏作书柜，柜牢柏复坚。收贮谁家集，题云白乐天。我生业文字，自幼及老年。前后七十卷，大小三千篇。诚知终散失，未忍遽弃捐。自开自锁闭，置在书帷前。身是邓伯道，世无王仲宣。只应分付女，留与外孙传。"赞扬亲手制作的柏木书柜的坚固，可用来收贮一生所写的文章，并打算将其传给外孙。

《竹簟》元稹（唐）

竹簟衬重茵，未忍都令卷。
忆昨初来日，看君自施展。

《酬李侍郎惠药》刘禹锡（唐）

隐几支颐对落晖，故人书信到柴扉。
周南留滞商山老，星象如今属少微。

第一章 古典家具用材鉴识

　　古典家具用材分为木材和附属用材两大类。明及清前期家具多用贵重的红木，质地致密坚实，色泽沉穆静雅，花纹生动瑰丽。质地松软、木性稳定的白木，常作为辅助材料，用在家具的背面、内部或包镶家具的胎骨。各种附属装饰材料，有纹理奇丽的石材、五彩缤纷的螺钿、朴素无华的编织材料、形式各异的铜饰件、天然优质的黏合材料等，不仅体现出古代工匠的制作水平和聪明才智，也反映出深厚的文化传统。

古典家具所用木材主要包括红木和白木两大类：

红木主要是产于印度、缅甸、东南亚一带的珍贵硬质木材，有紫檀、黄花梨、新花梨、酸枝木、鸡翅木、铁力木、乌木等，木色静雅，纹理优美，质地坚硬，多用来制作高档家具。

白木俗称"柴木"，包括楠木、柚木、核桃木、榆木、柏木、樟木、槐木、榉木、柞木、黄杨木、杉木、楸木等，虽不如红木，仍不失为优良的家具用材。

红木

红木有狭义和广义之分，狭义的红木是酸枝木，广义的红木指《红木国家标准》确定的五属（紫檀属、黄檀属、柿树属、崖豆属及铁刀木属）八类（紫檀木类、花梨木类、香枝木类、黑酸枝木类、红酸枝木类、鸡翅木类、乌木类和条纹乌木类）木料的心材。

紫檀

❀ 基本定义

学名 Pterocarpus santalinus，檀香紫檀，即印度小叶紫檀，也叫"青龙木"，豆科，紫檀属，是世界上最名贵的木材之一，数量稀少，被称为"木中黄金"。

据近代陈嵘《中国树木分类学》介绍："紫檀属是豆科中的一属，约有十五种，多产于热带。其中有两种产于我国，一为紫檀，一为蔷薇木。"紫檀为常绿大乔木，高达五六丈，奇数羽状复叶，蝶形花冠，黄色，圆锥花序，果实呈扁圆形，周围有翼，原产美洲、非洲、东南亚、南洋诸岛、印度、斯里兰卡等地，我国广东、广西、海南、云南亦有少量出产。

明代时，紫檀已成为皇室用木，官方不但在国内采办，还赴南洋诸岛采伐紫檀，因此紫檀汇聚我国甚多，明代皇室储藏的木料到清末还存有。清代虽有采伐，但因砍伐过多，而紫檀生长缓慢，致使木源枯竭，少有大料。明清两代主要用紫檀制作高级家具和精巧器物。

蔷薇木

学名 Pterocarpus indicus，落叶乔木，也有的是常绿乔木，树皮为灰绿色，产于印度、菲律宾、马来半岛及中国广东等地。材质致密坚硬，边材狭窄，心材血赭色，有芳香，是良好的家具及建筑用材。明清以来，我国曾大量从印度支那进口紫檀。多数学者认为紫檀即蔷薇木，从目前国内现存的紫檀器物看，至少有一部分是蔷薇木。

蔷薇木多宝格（清）

原木有边、心、熟、梢、根、中材之分

边材：靠近树皮部位的木材，颜色浅淡，富含水分，木质较差。

心材：靠近髓心部位的木材，颜色深沉，含有少量水分，木质较好。

熟材：位于原木中心部位的木材，含水分较少，木质较差。有些与边材颜色接近的心材也叫熟材。

梢材：靠近树梢部位的木材，木质较差。

根材：靠近树根部位的木材，木质较差。

中材：靠近树干中部的木材，处于梢材和根材之间，木质优良，是制作家具最好的材质。

如何选择木材

木材分类

木材根据用途分为圆木、板材、板枋材。圆木是树木采伐后，锯掉树梢，截成一定长度的木材；板材是宽度为厚度3倍以上的木材；板枋材是断面宽度不足厚度3倍的木材。

从选择方面分为硬性材、软性材、中性材。硬性材木质硬重，有的木质细而紧密，有的木质粗而年轮阔，受力强度高，耐腐蚀；软性材木质轻软、不紧密，木纹匀净稀松，受力强度低；中性材木质介于软性材和硬性材之间，木纹均匀略紧密，受力强度适中。

木质优劣

好材：木纹顺直，年轮粗细均匀，无节疤，无腐朽，心边材颜色区别不太明显。

次材：木纹不太顺直，年轮欠均匀，有节疤，略带腐朽，心边材木质较次。

劣材：木纹极不顺直，多扭曲，十分粗糙，节疤多，略带腐朽，使用率不高。

木板面的形状分类

粗糙材：多是硬木，板面粗糙，细胞壁坚硬，木纹不规则，不顺畅，受力强度略高，主要作为腿料、框料和内衬的辅助材料。

细质材：软、硬木皆有，木纹规则，均匀，纹路细，受力强度良好，变异性较小，主要作为雕刻花板或主要框面的木料。

木材档次

珍贵木材：市场上少见的木料，逐渐稀缺，价格昂贵。

高档木材：木质纹理好的槐木、柞木、椴木、楸木、樟木、榉木等木材。

常用木材：指榆木、椿木、松木、杨木、柳木、色木、桐木等木材。木质硬度适中，变异性小，纹理顺畅，均匀，适宜加工的常用木材也属于高档木材。

❀ 鉴识要点

紫檀材质坚重致密，密度较大，入水则沉，心材红色，木色紫黑或紫红，纹理纤细浮动，微有芳香。紫檀木按照纹理的不同，可分为牛毛紫檀、鸡血紫檀、金星紫檀和花梨紫檀。牛毛紫檀是最常见的紫檀，木质棕眼细长，略带弯曲，分布不均匀，像牛毛。鸡血紫檀木色紫红，质地细腻，有油性，边材部位常见不规则的暗朱红色斑纹。金星紫檀是紫檀中的佼佼者，木质坚细，色泽墨紫，木质棕眼里有金星光点闪耀。花梨紫檀是最低档的紫檀，质地较粗，棕眼粗大，色泽似花梨木。

紫檀有新、老之分。新采伐的紫檀色红，后和空气接触转为深紫黑，水浸掉色，上漆能沾住。老紫檀色紫，水浸不掉色，上漆很容易掉。

紫檀还有岛屿檀和陆地檀之分。岛屿紫檀旧称"老紫檀"，为常绿乔木，树干挺直，略粗，木质匀称，纹理顺，少空洞，少有死的枝节，多产于印度洋岛屿。陆地紫檀又称"新紫檀"，落叶乔木，多为灌木，树干、纹理多扭曲，木质紧密，死的枝节和空洞多，产于中国南方和周边国家。

鉴别紫檀木最常用的方法是取少许木屑置于白酒中浸泡一夜。若是紫檀木屑，白酒会呈深棕色，白酒的黏稠度也会大增；若是其他硬木，则无此现象。

紫檀木木样

紫檀木木样

紫檀木木样

31

大叶紫檀和小叶紫檀

大叶紫檀产自非洲马达加斯加,《红木国家标准》将其界定为黄檀属黑酸枝木类,学名卢氏黑黄檀,木质坚硬,心材新切面呈橘红色,后转为深紫色,酷似紫檀,纹理比紫檀粗,有酸味。

小叶紫檀是紫檀木类,产自印度南部,心材新切面为橘红色,日久后呈深紫或黑紫色。木屑管孔较小,有纹理,有荧光,可浸出红色液体。

檀香木

檀香科,常绿灌木,木质坚重,有清香,有黄檀和白檀两种,产于我国广东、云南等地,多用来制作香料或扇骨、箱匣之类的小件器物。

檀香木和紫檀是两种不同的木材,不存在附属关系。然而,在有关檀香木的史书记载中,人们多认为紫檀是檀香的一种。明代谷应泰《博物要览》认为紫檀是檀香的一种,将其划入檀香类:"檀香有数种,有黄、白、紫色之奇,今人盛用之,江淮河朔所生檀木即其类,但不香耳。"又说:"檀香皮质而色黄者为黄檀,皮洁而色白者为白檀,皮府而紫者为紫檀木,并坚重清香,而白檀尤良。"南宋赵汝适《诸蕃志》卷下说:"檀香出阇婆(爪哇),其树如中国之荔枝,其叶亦然,土人砍之阴干,气清劲而易泄,热之能夺众香;色黄者谓之黄檀,紫者谓之紫檀,轻而脆者谓沙檀。"明代李时珍《本草纲目》也记载有檀树,然而没有定指。

檀香木开光雕人物纹盒(清)

❀ 紫檀家具

紫檀木色深沉，稳重大方、美观，制作家具时多利用其自然特点，采用光素手法，不事雕饰，体现出木质本身的纹理与色彩，沉静古雅。紫檀木家具年长日久后会变成银灰色，这是由于出现失油脂现象造成的。

明代家具少用紫檀木制作，仅用来制作桌椅、箱盒类小件家具，工艺造型采用圆、凸、凹陷的浑面或是亚面结构，尽显紫檀木质的细腻和肃穆之美。

清代紫檀家具配料选材合理，多加雕饰，做工精良，腿脚、几架的雕花用料纹顺匀称，面板和面框用较粗大的木料。有的还镶嵌古玉、大理石，或浮雕文字，精美绝伦。

紫檀圈椅（清）

黄花梨

❀ 基本定义

学名 Dalbergia oderifera，降香黄檀，又称"海南檀"、"花榈"、"榈木"、"降香"、"降香檀"、"降真香"、"花梨"、"花狸"等，豆科，黄檀属，产于我国海南省。

明初王佑增《格古要论》："花梨出南番广东，紫红色，与降香相似，也有香。其花有鬼脸者可爱，花粗而淡者低。"明末清初屈大均《广东新语·海南文木》："有曰花榈者，色紫红，微香，其文有鬼面者可爱。以多如狸斑，又名花狸。老者文拳曲，嫩者文直。其节如花圆晕如钱，大小相错，坚理密致价尤重。往往寄生树上，黎人方能识取。产文昌、陵水者与降真香相似。"清刊本《琼州府志·物产·木类》："花梨木，紫红色，与降香相似，有微香，产黎山中。"古代文献中所记的"花梨"、"花榈"主要产地在海南岛，有香味，可知均为黄花梨。

❀ 鉴识要点

木质坚实，花纹清晰美好，变化生动，结疤处有斑眼花纹，古人称之为"鬼脸"纹、"狸斑"纹，切面有芳香，心边材区别明显。心材红褐至深红褐和紫红褐色，深浅不均匀，常杂有黑褐色条纹，材质坚硬；边材色淡，灰黄褐或浅黄褐色，材质略疏松。

33

产于海南的黄花梨数量稀少，我国早已禁止采伐，目前市场上的黄花梨基本上都是产自越南的黄花梨。有的不良商家将越南黄花梨家具做旧之后冒充海南黄花梨家具出售，有的用黄色的酸枝木或新花梨做成家具后再做旧冒充黄花梨家具。一些所谓的"海南黄花梨家具"仅在看面用海南黄花梨，不显眼的地方则用越南黄花梨，有的甚至整件家具都用越南黄花梨，而标签则标示"海南黄花梨"、"黄花梨"、"香枝木"，乱人眼目。有些不法商家甚至在酸枝木或其他与黄花梨比重相当的木材表面，粘贴0.2毫米厚的海南黄花梨，正反两面颜色、纹理完全对应一致，再以海南黄花梨的高价出售。

黄花梨木样

黄花梨木样

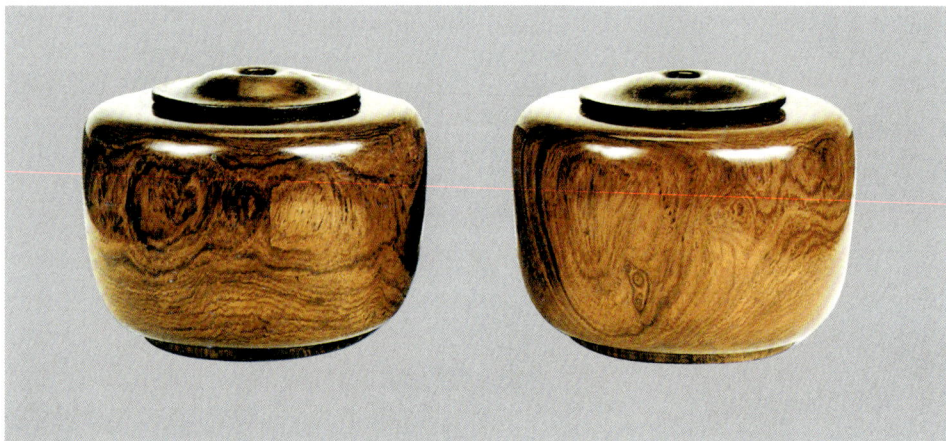

黄花梨围棋盖盒（明末清初）

"黄花梨"之名的由来

从明代中期起，"花梨"或"花榈"就被用来制作家具。20世纪20年代，梁思成在考察古代建筑和明清家具时发现古代所用"花梨"，与近代制作硬木家具所用的"新花梨"（行业俗称，即产自越南的香枝木）并非同一种木材，为了加以区别便在花梨之前加了一个"黄"字，"黄花梨"之名遂流传开来。

辨别真假黄花梨木的十个要点

闻：辛辣香浓郁，有酸味。

尝：用舌头尝，微苦。

望：木纹流畅，打磨后的新料纹理清晰美观，或隐或现，生动多变，有麦穗纹、蟹爪纹，结疤处有可爱的鬼脸纹。

摸：黄花梨木油性大，木质结构紧密，故摸起来手感好，顺滑不刺手，有温润感，摸后手上留有余香。

泼：取少量木屑，置于杯子里，泼上滚烫的开水，会散发出浓浓的香味。

色：心材红褐至深红褐或紫红褐色，深浅不匀，常带有黑褐色条纹；边材灰黄褐或浅黄褐色。

刨：木匠施工时，黄花梨木很强的韧性和很小的内应力，使得在刨刀口很薄的情况下，出现弹簧形状的长刨花。

找：黄花梨切面上多有鬼脸纹，这是由于木质在生长过程中产生变异结疤所致，图案美丽。然而鬼脸纹并不是识别黄花梨的主要特征，紫檀、新花梨、酸枝木中也有鬼脸纹。

纯：黄花梨木材料珍贵，木质强度大，故制成的家具基本上采用木榫结构，少用金属饰件。

问：向商家询问黄花梨木的产地，不同产地的黄花梨木，木性差异很大。

🌸 黄花梨家具

黄花梨缩胀率小，不易变形，工艺性能优越，手感温润，冬天触摸黄花梨家具不感到冰凉。黄花梨材料大，有的大案的面心独板不拼，长丈二三尺，宽二尺余。明代，黄花梨是制作家具的上乘材料，考究的家具都采用黄花梨制作。清代中期，黄花梨木源枯竭，很少制作家具，民间多用黄花梨制作小件器物，尤以黄花梨笔筒最负盛名。

传世的黄花梨家具呈黄褐色色调，纹理细腻，木纹或隐或现，不喧不静，具有天然之美，有木结的地方带有铜钱大小的圆晕形花纹，甚是美观。

黄花梨南官帽椅（明）

新花梨

🌸 基本定义

北京匠师将花梨木分为黄花梨和新花梨两种，通常所说的花梨木即是新花梨。新花梨学名 Ormosia henryi，俗称"香红木"，豆科，紫檀属，乔木，高可达一丈八尺至三丈，主要产于印度、缅甸、老挝、越南、柬埔寨、泰国、巴西等热带地区，我国浙江、福建、广东、云南也有栽培。

新、老花梨

据王世襄《明式家具研究》说："花梨木，或称新花梨，也有人美其名曰'老花梨'。这是1949 年前北京家具商为哄骗外国买主而编造出来的名称，好像它比黄花梨次一些，但又比新花梨好一些。实际上，所谓老花梨就是新花梨，二者乃是一物。"新花梨和黄花梨不同属，差别较大。

通常，家具制作老匠师将花梨木分为新花梨和老花梨。新花梨就是花梨木，上海称"香红木"；老花梨即黄花梨，上海称"老花梨"，广州称"降香"。

花梨木类木材特征

按照《红木国家标准》，花梨木类木材分为越柬紫檀、大果紫檀、安达曼紫檀、刺猬紫檀、印度紫檀、囊状紫檀及鸟足紫檀等七种。

越柬紫檀： 学名 Pterocarpus cambodianus Pierre，商品名 Vietnampadauk,thonong，散孔材，半环孔材倾向明显。生长轮略明显。心材红褐至紫红褐色，常带黑色条纹。轴向薄壁组织较多，管孔数较少，为同心式或略呈波浪形的傍管细线状。结构细。气干密度 $0.94g/cm^3 \sim 1.01g/cm^3$。波痕可见。有香气。产于中南半岛。

安达曼紫檀： 学名 Pterocarpus dalbergioides，商品名 Andaman padauk，散孔材，半环孔材倾向明显。生长轮明显。心材红褐至紫红褐色，常带黑色条纹。轴向薄壁组织较多，管孔数较少，为同心式傍管带状、断续聚翼状及细线状。结构细。气干密度 $0.69g/cm^3 \sim 0.87g/cm^3$。波痕略见。香气无或很微弱。产于印度、安达曼群岛。木屑水浸出液黄褐色，有荧光。

刺猬紫檀： 学名 Pterocarpus erinaceus，商品名 Ambila，散孔材，半环孔材倾向明显。生长轮略明显或明显。心材紫红褐或红褐色，常带黑色条纹。轴向薄壁组织较多，管孔数较少，为带状及细线状。结构细。气干密度 $0.85g/cm^3$，波痕可见。香气无或很微弱。产于热带非洲。

印度紫檀： 学名 Pterocarpus indicus，商品名 Amboyna，半环孔材或散孔材。生长轮明显。心材红褐、深红褐或金黄色，常带深浅相间的深色条纹。有著名的 Amboyna 树包（瘤）花纹。轴向薄壁组织较多，为同心层式傍管窄带断续聚翼状及细线。结构细。气干密度 $0.53g/cm^3 \sim 0.94g/cm^3$。波痕明显。有香气或很微弱。产于印度、东南亚、中国台湾、广东及云南，株间材色和重量差异很大。木屑水浸出液深黄褐色，有荧光。

大果紫檀： 学名 Pterocarpus macarocarpus，商品名 Burma padauk，散孔材或半环孔材，生长轮明显。心材橘红、砖红或紫红色，常带有深浅相间的条纹。轴向薄壁组织较多，为同心层式傍管窄带断续聚翼状及细线。结构细。气干密度 $0.80g/cm^3 \sim 0.86g/cm^3$。波痕明显。香气浓郁。主要产于东南亚中南半岛。

囊状紫檀： 学名 Pterocarpus marsuptum，商品名 Bijasal，散孔材，半环孔材倾向明显。生长轮明显。心材金黄褐或浅黄紫红褐色，多带深色条纹。轴向薄壁组织为同心层式傍管带状及细线状。结构细。气干密度 $0.75g/cm^3 \sim 0.80g/cm^3$。木射线在放大镜下可见至明显。波痕在放大镜下略明显或明显。香气无或很微弱。主要产于印度、斯里兰卡。木屑水浸出液红褐色，有荧光。

鸟足紫檀： 学名 Pterocarpus pedatus，商品名 Maidu，散孔材，半环孔材倾向明显。生长轮明显。心材红褐至紫红褐色，常带有深浅相间的条纹。轴向薄壁组织为同心层式傍管窄带状、聚翼状及细线状。结构细。气干密度 $0.96g/cm^3 \sim 1.01g/cm^3$。波痕可见。香气浓郁。主要产于东南亚中南半岛。木屑水浸出液蓝绿色，荧光明显。

❀ 鉴识要点

材质坚重、匀称，木质比黄花梨软，散孔材或半环孔材，切面光滑，木色黄赤，心材初切面呈暗黄褐色，后变为紫红褐色，木质管孔含红褐色树胶和白色沉积物，微有清香，木射线细，纹理呈直线，有较明显的斑纹或波痕，缺少变化，呆滞，多不清晰。锯末浸水呈绿色，有微毒。

此外，产地不同的新花梨，木质差异也很大。印度新花梨木质较硬，分量重，质地细密，是新花梨中较好的材料，然而不易得到。泰国、缅甸产新花梨木质较松，硬度也差，重量轻，木纹较粗。

新花梨木样

❀ 新花梨家具

新花梨为上等家具用材，适合制作各种式样的家具。明清时期，花梨木家具非常盛行。清代中期以后，在黄花梨木匮乏的情况下，新花梨成为黄花梨的替代木料，用来制作家具。现在，新花梨虽有出产，但因大量砍伐，大材不易得到。

新花梨罗汉床（清）

酸枝木

基本定义

酸枝木即狭义的红木，又称"紫榆"、"红木"、"黑木"，豆科，黄檀属，因锯开时散发出一股醋酸味，故名。其主要产于泰国、缅甸、印度、越南等地，我国广东、云南亦有产出。其中，印度出产的酸枝木木质较佳，泰国、缅甸及我国产的木质次之。

酸枝木在各地的称谓大有不同，北方称"红木"，海南称"荔枝母"，广东称"酸枝木"，上海称"酸枝木"或"红木"，台湾称"檀木"，印度出产的酸枝木常被称为"老红木"。

鉴识要点

清代江藩《舟车见闻录》记载："紫榆来自海舶，似紫檀，无蟹爪纹。刳之其臭如醋，故一名'酸枝'。"酸枝木边材为灰白色，初伐时心材为淡红色至赤色，暴露在空气中，久置后发生氧化作用，材色逐渐转化为紫红色或黑红色，光泽变暗。材质坚硬而重，可沉于水。

酸枝木从颜色上分，有黑酸枝、红酸枝和白酸枝。以颜色紫红色近似紫檀的黑酸枝工艺性能最佳，学名卢氏黑黄檀，市场称"大叶紫檀"，木质坚硬，抛光效果好，纹理较粗；颜色多为枣红色，纹理顺直的红酸枝木质次之；颜色

偏淡，色泽接近草花梨，木质疏松的白酸枝最差。

酸枝木木样

酸枝木木样

❀ 酸枝木家具

酸枝木是清代较常用的家具用材，作为紫檀、黄花梨等木材的替代品，被大量地用来制作家具。当时，酸枝木主要靠进口，特别是在广东地区，形成了酸枝木家具行业。

酸枝木家具经打磨后，即可平整如鉴，抚摸细滑清凉，木纹美观，经久耐用，即使漆饰损伤，稍加修整就能光亮如初。

酸枝木单屏梳妆台（清）

鸡翅木

❀ 基本定义

鸡翅木又写作"䴅鶒木"，明末清初的屈大均在《广东新语》中把鸡翅木称为"杞梓木"、"海南文木"、"相思木"，俗称黑鸡翅木、东南亚鸡翅木。为崖豆属和铁刀木属，包括非洲崖豆木、白花崖豆木和铁刀木三个树种，分布较广，非洲的刚果、扎伊尔、南非，东南亚及我国的广东、广西、云南、福建、海南岛等地均有出产。

鸡翅木干多结瘿，白质黑章，纹理天然，如鸡翅，随光照呈现暗红色、棕红色等不同色调故名，美丽异常。树籽为红豆，又称"相思子"，可做首饰，故又称鸡翅木为"红豆木"。唐代王维《相思》："红豆生南国，春来发几枝。愿君多采撷，此物最相思。"即是对鸡翅木树籽的形象描绘。

❀ 鉴识要点

鸡翅木有新、老之分。新鸡翅木即鄂西红豆树，学名 Ormosia hosiei，近代陈嵘《中国树木分类学》中介绍："鸡翅木属红豆属，计约四十种，在我国生长有二十六种。乔木，高可达六七丈……产湖北及四川，木材坚重，赤色而有美丽斑纹，为贵重之美术及雕刻材。"新鸡翅木木质粗糙，木色紫黑相间，纹理僵直，多浑浊不清，木丝易翘裂起茬。老鸡翅木肌理致密，木色紫褐，纹理深浅相间，纵切面纤细浮动，变化无穷，像灿烂闪耀的鸡翅。

鸡翅木木样

鸡翅木木样

紫褐色木纹深浅映衬，似鸡翅状，又似层层火焰，美丽异常。

❀ 鸡翅木家具

鸡翅木是制作家具的良材，清代也用此材做家具，但大料不易得到，较紫檀、黄花梨更为奇缺。明代曹昭《格古要论》中介绍："鸡翅木出西番，其木一半紫褐色，内有蟹爪纹，一半纯黑色，如乌木，有距者价高。西番作骆驼鼻中绞子，不染肥腻。常见有做刀靶，不见其大者。"其实，鸡翅木并非无大料，北京故宫博物院就藏有清一色的鸡翅木条案和成堂的扶手椅。

清代中期以后，多用新鸡翅木制作家具，用老鸡翅木制作家具的甚少。匠师们在制作鸡翅木家具时总是反复衡量每一块木料，尽可能把色泽纹理美观的部分用在表面上。现在，市场上有用鸡翅木制作的小件工艺品，价格远高于香红木。然而鸡翅木制品易龟裂，商人多在器物外表涂一层蜡，防止木质水分流失。

鸡翅木方凳一对（清）

铁力木

❀ 基本定义

学名 Mesua ferrea，又写作"铁梨木"、"铁栗木"，别名"石盐"、"铁棱"等，藤黄科，铁力木属，常绿大乔木，产于印度、缅甸、斯里兰卡、南洋群岛及我国广东、广西、云南等地。清代李调元《南越笔记》："铁力木，理甚坚致，质初黄，用之则黑。黎山中人以为薪，至吴楚间则重价购之。《通志》云：'一名石盐，一名铁棱。'"近代陈嵘《分类学》称："大常绿乔木，树干直立，高可十余丈，直径达丈许……原产于东印度。据《广西通志》载，该省容县及藤县亦有之。材质坚硬耐久，心材暗红色，髓线细美，在热带多用于建筑，广东有用为制造桌椅等家具，极经久耐用。"

❀ 鉴识要点

铁力木材质坚硬、沉重，密度大，心材暗红色，木纹通直，色泽纹理酷似鸡翅木。然而，鸡翅木木纹细密，纹理呈圈状；铁力木木纹较粗，鬃眼显著，纹理呈直线，两者不难分辨。

铁力木木样

铁力木与铁刀木

铁刀木：学名 Cassia siamea，豆科，铁刀木属，基本密度 $0.58g/cm^3$，气干密度 $0.63g/cm^3 \sim 1.01g/cm^3$。心材栗褐色或黑褐色，有明显黑色带状条纹。新切面有变化多端的鸡翅纹，有酸臭味或中草药气味，微苦。易起茬，手感粗糙，加工困难。

铁力木：学名 Mesua ferrea，藤黄科，铁力木属，基本密度 $0.927g/cm^3$，气干密度 $1.122g/cm^3$。心材暗红色，久置后为黑褐色，多直纹，花纹少。

❀ 铁力木家具

铁力木是硬性木材中最高大、价值较低廉的一种木材，大材易得，耐腐性强，木性稳定，多用其制作大件器物。明代王佐《新增格古要论》："铁力木出广东，色紫黑，性坚硬而沉重，东莞人多以作屋。"明末清初屈大均《广东新语》："广人以作梁柱及屏幛。"《南越笔记》："黎山中人以为薪，至吴楚间则重价购之。"均说明铁力木材源丰富，大料易得，明及清前期的大件家具、造船、车辆、建筑等用材都首选铁力木。

常见的明代铁力木翘头案，通常用一块整木制成，长达三四米，宽约 60 厘米～70 厘米，厚约 14 厘米～15 厘米，往往在案面里侧挖出 4 厘米～5 厘米深的凹槽，以减轻器身重量。很多清代的铁力木家具流传至今，仍然坚固耐用，足见铁力木材质的优良。由于铁力木的色泽纹理与鸡翅木相差无几，所以有些鸡翅木家具的个别部件损坏后，多用铁力木来修理补充。

铁力木多宝格（清）

乌木

❀ 基本定义

英文商品名 Ebony，又称"檕木"、"乌文木"、"乌㮏木"、"乌角"、"乌梨木"等，柿树科，常绿大乔木，主要生长在菲律宾、印度尼西亚、斯里兰卡等亚热带地区，我国台湾、海南、云南、广东等地也有生长。

乌木材质坚实如铁，有油脂，体重，颜色漆黑，光亮如漆，木纹细腻，被誉为珍木。宋代赵汝适《诸蕃志·乌㮏木》："乌㮏木似棕榈，青绿耸直，高十余丈，荫绿茂盛。其木坚实如铁，可为器用，光泽如漆，世以为珍木。"明代李时珍《本草纲目》："乌木出海南、云南、南番。叶似棕榈，其木漆黑，体重坚致，可为箸及器物。有间道者，嫩木也。南人多以木染色为之。"近代陈嵘《中国树木分类学》："乌木属柿科，常绿乔木，高达二三丈……原产东印度及马来半岛，现分布于印度、锡兰、泰国、缅甸及广东海南。木材色黑，重硬致密，有美丽光泽，为著名美术材。惟真正乌木今已减少，有以同属类似品代用之趋势。"古文献所说的乌木和现代植物学家所说的乌木大不相同，它们到底是不是同一种树木，尚待研究。

🌸 鉴识要点

乌木色黑，质脆，比重大，置水沉，纹理有组织结构交错，斑纹匀称，似紫檀而更加细密。舶来的乌木茶乌，坚而不脆。其树皮呈黄白色，边材新采伐时为乳白色，后为灰褐略带黄，中材、心材紫黑色、紫红褐色或矿物质色，有的中材纯黑色或不规则略带绿。

🌸 乌木家具

乌木是最珍贵的一种硬木，防蛀防腐，大料少，多用来制作尺子、筷子、烟袋等小物件、小箱盒或小雕刻品。明代及清前期家具少用乌木制作，传世的大件乌木家具极少，现存发现的有乌木平头案、乌木椅子等，制作工艺好，黑亮如漆，击之铮铮有声。

乌木卷书七屏式扶手椅（清）

瘿木

🌸 基本定义

又称"影木"、"英木"，古称"文木"，指来自于花梨木、楠木、榆木、桦木、柏木等根部结瘤或树干带疤结处的木材，而非某一种木材。明代王佐《新增格古要论·瘿木》介绍说："瘿木出辽东、山西。树之瘿有桦树瘿，花细可爱，少有大者……口北有瘿子木，多是杨柳，木有纹而坚硬，好作马鞍轿子。"瘿木通常以花纹的大小或形态来命名，如葡萄瘿、核桃瘿、山水瘿、芝麻瘿、虎皮瘿等。根据树种的不同，有楠木瘿、桦木瘿、花梨瘿、榆木瘿、柏木瘿、枫木瘿等。南方多为枫木瘿，北方多为榆木瘿、柳木瘿、桦木瘿等。

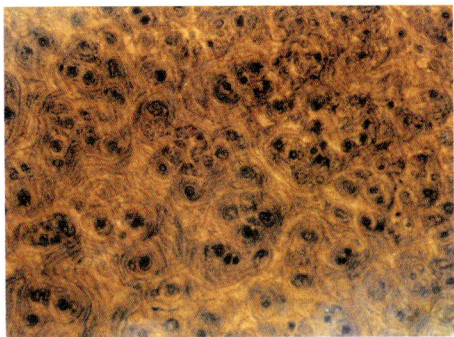

瘿木木样

❀ 鉴识要点

瘿木纹理美观，自然天成，或呈旋涡状，或似一串串葡萄，或呈缠绕状，或呈人物山水纹、花鸟纹等，情趣生动，具有独特的艺术效果。正如明代谷应泰《博物要览》所载："影木产西川溪涧，树身及枝叶如楠。年历久远者可合抱，木理多节，缩蹙成山水人物鸟兽之纹。"楠木瘿木纹呈山水、人物、花木、鸟兽状；桦木瘿俗称"桦树包"，呈小而细的花纹，小巧多姿，奇丽可爱；花梨瘿木纹呈山水、人物、鸟兽状；榆木瘿花纹又大又多；柏木瘿花纹粗而大；枫木瘿花纹盘曲，互为缠绕，奇特不凡。

根据性状的差异，瘿木有新、老之分。新瘿木易爆、易拱、易走样，纹理浑浊不清；老瘿木不爆、不拱、不走样，纹理清晰美观。

❀ 瘿木家具

瘿木由于是取材于树木的根部和病态树木的瘿瘤部，故数量稀少，大料不易得。其中一些花纹圆晕紧密、纹饰美丽奇特者，更是难以得到。因而，在家具制作中，瘿木多和硬木互衬使用，被锯成薄片，作为桌心、几心、椅背心与柜门心，拼嵌在硬木家具的表面上，相映生辉。瘿木最早出现在明式家具中，是苏式家具的重要装饰材料。清代家具中瘿木用量很大，除一小部分来自国内的砍伐外，极大一部分依靠进口。

瘿木盒（民国）

白木

白木是与红木相对而言，颜色浅白，材质也有软、硬之别。有些老北京人认为白木家具不好，称白木为"柴木"，言其只配用作劈柴烧火。

楠木

❀ 基本定义

又写作"柟木"、"枬木"，俗称"雅楠"、"桢楠"、"金丝楠"，樟科，楠属，种类很多，常用于建筑及家具材料的主要是雅楠和紫楠。雅楠学名 Phoebe nanmu，常绿大乔木，高可八九丈，产于云南及四川雅安、灌县一带。紫楠学名 Phoebe sheareri，别名金丝楠，小乔木或大乔木，产于浙江、安徽、江西及江苏南部。

楠木生长缓慢，树干直，树高 10 米～40 米，直径 50 厘米～100 厘米。长江以南尤其是西南地区，发现 30 多种楠木树种。最好的楠木出自海南。

楠木易结瘿，楠木瘿子多用在明及清前期家具的显著位置，有"骰柏楠"、"斗柏楠"等称谓，并以"满面葡萄"来形容其花纹细密瑰丽。明代王佐《新增格古要论·骰柏楠》："骰柏楠木出西蜀马湖府，纹理纵横不直，中有山水人物等花者价高，四川亦难得，又谓之骰子柏楠，今俗云斗柏楠。近岁户部员外叙州府史训送桌面，是满面葡萄尤妙。其纹脉无间处，云是老树千年根也。"这些楠木瘿子大部分源于四川西部大株楠木的根部。

❀ 鉴识要点

楠木木质较软，结构细，色泽淡雅匀称，有香气，纹理美观，是软性木材中材质最好的木料。据明代谷应泰《博物要览》记载："楠木有三种，一曰香楠，二曰金丝楠，三曰水楠。南方者多香楠，木微紫而清香，纹美。金丝者出川涧中，木纹有金丝，向明视之，的烁可爱。楠木之至美者，向阳处或结成人物山水之纹。水楠色清而木质甚松，如水杨之类，惟可做桌凳之类。"金丝楠木是一种高档木材，质地温和，木色浅橙黄略灰，纹理淡雅文静，无收缩性，遇雨散发出阵阵幽香。

楠木木样

楠木刻"青紫吟榭"匾（清）

❀ 楠木家具

楠木色泽淡雅匀称，伸缩性小，不伸不胀，不翘不裂，易加工，防潮、耐腐朽性强，是制作家具、文房用具、牌匾、木联、棺木的良材。以金丝楠木为最佳。明代及清前期家具除整体用楠木制作外，常将楠木作为镶拼材料和硬性木材配合使用，使软硬木在家具用材方面珠联璧合。楠木家具讲究用本色，不上漆，不打蜡，打磨后表面会产生迷人的光泽。而上漆打蜡后的楠木木色发黑，失去原有的色泽，非常难看。

楠木不腐不蛀，也是建筑和造船的重要材料。宋代寇宗奭《本草衍义》："楠木，今江南等路造船场，皆此木也。"现在北京故宫及京城上乘的古建筑多为楠木构筑。如文渊阁、乐寿堂、太和殿、长陵等重要建筑的室内装修，都有楠木装修及楠木制作的家具，并常与紫檀配合使用。

楠木雕龙纹圆角柜（清）

柚木

❀ 基本定义

英文名 Teak，又称"胭脂树"、"紫柚木"、"血树"、"脂树"、"紫油木"、"泰柚"等，马鞭草科、柚木属，落叶大乔木，树高达 40 米～50 米，干通直，树皮褐色或灰色，枝四棱形，被星状毛，叶对生，卵形或椭圆形，背面密被灰黄色星状毛，圆锥花序，秋季开花，白色，芳香。原产缅甸、泰国、印度、印度尼西亚、老挝等，我国台湾、广东、云南均有引种栽培，是世界上贵重的用材之一，有"万木之王"之誉。

柚木有缅甸柚和泰国柚之分，泰国柚非常稀少，极为珍贵。

❀ 鉴识要点

材质坚硬沉重，心材呈金黄色或浅褐色至黑褐色，纹理清晰美观，有光泽，结构略粗，有微淡的皮革气味。

❀ 柚木家具

柚木耐磨损，干燥性能良好，不易变形，易加工，是民国时期制作海派家具的高档用材。柚木家具清新淡雅、雍贵华美、坚固耐用。柚木用途很广，除用来制作家具外，还广泛用于造船、建筑的工艺装饰。

柚木欧式靠背椅、方桌（民国）

核桃木

🌸 基本定义

学名 Juglans regia，俗称"胡桃"、"铁核桃"、"万岁子"、"羌桃"、"播多斯"，核桃科，核桃属，落叶乔木，主要产于我国河北、山西、山东及西北地区，长江流域及西南地区也有分布。核桃木深受世界人们喜爱，在欧洲上层社会，核桃木有着重要的地位。

🌸 鉴识要点

木质坚硬，木色匀称，纹理宽窄不一，有深色条纹，美观，心材新切面为红褐色至暗红褐色，久置则为栗褐色，边材黄褐色至栗褐色，木质管孔中含深色沉积物树胶，有油脂。径切面上常布满细小狭长的深栗褐色斑点，深色条纹不明显，未打磨时光泽暗淡，新磨面光泽明亮。

🌸 核桃木家具

核桃木木性稳定，强度高，质细而匀称，广泛应用于家具、乐器、兵器及生活器具的制作。明清时期，山西、陕西、河北等地，核桃木家具非常盛行。核桃木上浅色料、擦油、打蜡后和花梨木的纹理、光泽相似，故民间又把核桃木家具叫做"假花梨木家具"。年代久远的核桃木家具表面呈浅白灰色，光泽不明显，包浆光亮，擦拭后则露出栗褐色。核桃木家具即使不涂色久置后也会变为深褐色，显示出庄重、沉稳之美。

核桃木木样

核桃木亮格柜（清）

榆木

🌸 基本定义

学名 Ulmus pumila L.，白榆，又称"榆树"、"家榆"，榆科，榆树属，落叶乔木，树高者达十丈，皮色深褐有扁平裂目，多为鳞状、剥脱。椭圆形叶，缘有锐锯齿，厚而硬，甚粗糙。3月至4月间开细花，多数攒簇，色淡而带紫。扁圆形果，膜质，有翅，叫做"榆荚"，又称"榆钱"，可食。喜生寒地，我国华北、东北平原地区及黄河流域一带均有生长。榆木有20多个品种。最高的榆树高达30多米，直径可达1米。

🌸 鉴识要点

榆木质地坚韧，分量重，木纹通直，花纹清晰，棕眼显著，结构较粗，心边材区分明显，边材暗黄色，心材紫红色，

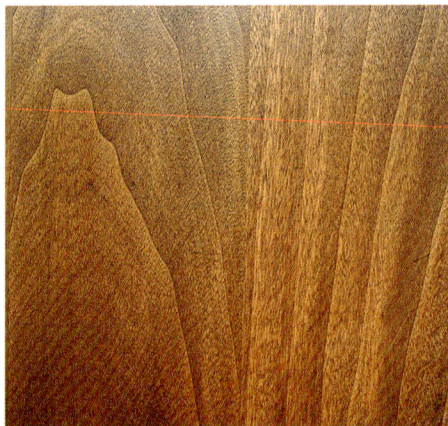

榆木木样

以张家口一带和山东境内黄河两岸产的榆木材质最佳。东北地区产的榆木木质粗糙，纹理美观，容易加工。山西、北京等地区产的榆木材质紧密，硬重质柔，是制作家具较好的材料。俗称"南榉北榆"，说的就是山西、北京等地区一带的榆木。

黄榆和紫榆是榆木20多个树种中常见的树种，黄榆心材呈淡黄色，材色随年代久远而逐步加深；紫榆呈黑紫色，材色重者类似老红木的颜色。

🌸 榆木家具

榆木是北方家具的优良用材之一，耐湿，耐腐，工艺性能良好，易加工，适用于制作各式家具，榆木家具风格质朴，讲究实用，在北方大为流行。古代山西制作的榆木家具，是榆木家具的杰出代表，俗话"一榆二槐三核桃，柳木家具常用料"说的就是山西家具的用料特点。

明清时期，北京、山西地区多见用榆木制作的大竖柜、大铺柜、大桌、官帽椅、供桌、供案、方凳、长凳等家具。工匠常利用黄榆和紫榆两种榆木色泽的差异来制作家具，以黄榆作框架，紫榆作板心，效果非常好。明清以后，用榆木制作的家具较少。俗有"干榆湿柳，木工见了就走"之说，榆木木质硬，工匠们嫌费工费力，故较少制作。

榆木南官帽椅（清）

民间习惯将柏木分为南柏和北柏。近代陈嵘《中国树木分类学》称："南柏别名黄柏，木材黄色，质重，坚韧致密，有芳香，可作雕刻及文具用材，其性不翘不裂，保存期长，可供图案板材及土木工程用材。"南柏木质优于北柏。此外，柏木有香味，可入药；柏子能安神补心。

❀ 鉴识要点

材质坚韧，木质细腻，木色黄褐，心材暗红褐至紫红褐色，生长轮明显，纹理匀称，光泽强，有芳香气味。宋代陈承《本草别说》："乾陵之柏异于他处，其木本有文，多为菩萨云气人物鸟兽，状极分明可观。"南柏颜色橙黄，肌理细密匀整，近似黄杨木。

❀ 柏木家具

柏木是软木中的名贵材种，不翘不裂，耐水，耐腐朽，适宜雕刻，既用来制作家具，又是建筑、造船的优良材料。

柏木

❀ 基本定义

学名 Sabina pingii，垂枝香柏，别名"香扁柏"、"垂丝柏"、"璎珞柏"、"悦柏"、"侧柏"、"罗汉柏"、"香柏"等，柏科，圆柏属，常绿乔木，产于我国长江流域及长江以南地区。宋代苏颂《图经本草》："柏实生泰山山谷，今处处有之，而乾州者最佳……其叶名侧柏。"

柏木木样

北京匠师认为南柏是柏木中制作家具的最佳木材。古代，柏木还是上好的棺木，其香气可防腐。

樟木木样

树皮暗灰褐色，纵裂，高数丈至十余丈，树径较大，直径有大至一丈五尺者。产于我国东南沿海各省及西南各地，福建、台湾产量最多，江西、湖南、湖北等省也有产出，日本也有分布。明代李时珍《本草纲目》对樟木有介绍："西南处处山谷有之……木大者数抱，肌理细而错纵有文，宜于雕刻，气甚芬烈。"

旧木器行内将樟木按照颜色分为红樟、黄樟、白樟等；依纹理分为虎皮樟、花梨樟、豆瓣樟、鬼脸樟等。

樟木还可作为工业原料及制药，樟树叶可提取香油、樟脑和樟油，也可作为防腐驱虫剂。

柏木多宝格（清）

樟木

❀ 基本定义

樟木学名 Cinnamomum camphora，又称"香樟"，俗称"小叶樟"、"樟树"、"红心樟"， 樟科，樟木属，常绿乔木，

❀ 鉴识要点

材质坚韧，结构细密，材幅宽，花纹舒展美丽，心材为红褐色，边材淡黄褐色至灰褐色，切面光滑，气味浓烈，有樟脑香气，能避虫害。年久后木色渐深，古朴美观。

🌸 樟木家具

樟木木性稳定，不易变形，易加工，是制作家具的主要用材之一，我国南方地区多用来制作箱、柜、匣、橱等家具。其中，樟木箱名扬中外，有衣箱、画箱、顶箱柜等，既防虫蛀，又耐水湿。北京地区多用樟木制作桌椅、几案类家具。通常，樟木家具只做少量雕饰，朴素清新。

樟木易雕刻，清代时是常见的木雕用材，用来雕刻寺庙佛像、屏风、神龛、馔盒等。广东潮州的金漆木雕就是以优质樟木为首要选材。

樟木衣箱（清）

槐木

🌸 基本定义

学名Sophora sp，也称"国槐"、"家槐"、"刺槐"，豆科，槐属，落叶乔木，主要产于我国北方地区，其他地区也有栽培。槐树被视为吉祥树种，作为重要的庭园和街道绿化树种，俗语"门前一棵槐，不是招宝，就是进财"，以讨发财致富的吉兆。

🌸 鉴识要点

槐木分为青槐木和老槐木。青槐木木质硬度中等，强度适中，生长年限在二十年以上，纹理均匀，清晰美观，材色微黄，心材、中材、边材差别不大。老槐木材质坚硬，年轮明显，生长在上百年以上，纹理顺直，均匀，木色灰红褐色，心材、中材、边材色差较大。此外，还有种叫"槐孙"的木料，木质软脆，木纹匀称，木色黑红褐色，心材、中材、边材色差很小。

🌸 槐木家具

槐木不易老化，防腐，防虫，稳定性好，加工性能良好，是北方家具的主要用材之一。槐木家具结实耐用，清代晋式家具中槐木家具传世量较大，有很大的升值潜力和收藏价值。

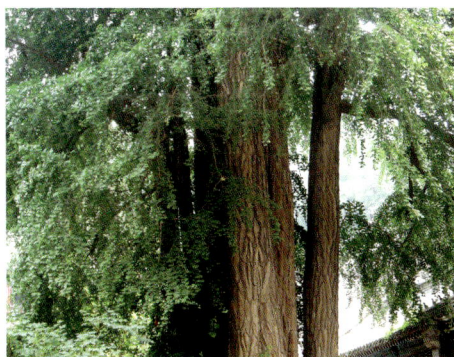

槐树

53

榉木

基本定义

学名 Z. schneideriana，又写作"椐木"、"棋木"，别名"椐榆"、"榉榆"、"大叶榆"、"大叶榉"、"面皮树"、"红株树"、"石生树"等，明代方以智《通雅》中又名"灵寿木"，榆科，榉属，落叶乔木，高数丈，产于我国南方，主要分布在淮河流域，秦岭以南，长江中下游各地，北方不知此名而称之为"南榆"。

榉木材质坚致，色泽明丽，纹理优美，用途极广，是最为贵重的一种软木，可分为血榉、黄榉、白榉。其老龄木材带赤色者称"血榉"、"红榉"，极为珍贵。清代吴其濬《植物名实图考》："榉，《别录》下品，材红紫，堪作什品，固始呼胖柳。"

此外，榉树的药用价值很高，唐代苏恭《唐本草注》记述："此树（榉树）所在皆有，生溪涧水侧。叶似樗而狭长，树大者连抱，高数仞，皮极粗厚，殊不似檀。俗人取煮汁以疗水及断痢，取嫩叶，挪贴火烧疮，有效。"清代吴其濬《植物名实图考》也有记载："削去裹皮，去外甲，煎服之，夏日作饮去热。"榉树的树形极美，在江南平原地区多作为庭院绿化树，种植在村庄和居室周围，可起到防风和净化空气的作用。

鉴识要点

木材坚实，心材浅黄色或红褐色，边材黄褐色，纹理优美，有光泽，花纹重叠，为排列有序的波状，俗称"宝塔纹"。血榉心材红褐色，黄榉心材浅黄色或浅栗黄褐色，白榉心材浅黄色。

榉木家具

榉木产量多，价格低，材质坚致耐久，耐水湿，不易走形，纹理美观，是明清时期江南民间家具最主要的用材，江南有"无榉不成具"的说法。榉木家具外形简洁，一般不加雕饰，多为明式风格，造型和做工与黄花梨等硬木家具基本相同，具有浓厚的乡村气息。榉木多大料，多用独板制作桌案、箱柜类家具。明代李时珍《本草纲目》："榉材红紫，作箱案之类甚佳。"除用来制作家具外，榉木还作为建筑内檐装饰用材。

榉木木样

榉木圆角柜（明）

方书皆作柞木。"又记："此木处处山中有之，高者丈余。叶小而有细齿，光滑而韧。其木及叶丫皆有针刺，经冬不凋。五月开辟白花，不结子。其木心里皆白色。"

❀ 鉴识要点

材质坚硬，木纹大，清晰美观，与鸡翅木的花纹相似，布满细长的针状棕眼，粗看像花梨木。

❀ 柞木家具

柞木耐腐朽，耐水湿，是我国北方地区制作家具的优秀木材。柞木家具色泽浅杏黄，通常不上色，不髹漆，经打

柞木

❀ 基本定义

学名 Quercus mongolica，俗称"高丽木"、"蒙古栎"、"柞栎"、"木解栎"，壳斗科，麻栎属，落叶乔木，树高可达30米，胸径达60厘米，产于我国东北、内蒙古、华北、西北各地，朝鲜、日本、蒙古均有分布。

明代李时珍《本草纲目》中记载："此木坚韧，可为凿柄，故俗称凿子木。

柞木四出头官帽椅（清）

磨上蜡后便可达到光素清雅的效果，使用一段时间之后会变成赭红色，包浆光亮。传世的柞木家具多是清中期仿明式家具，以苏作家具多见，有美人榻、太师椅、炕桌等。

黄杨木

🌸 基本定义

学名 Buxus microphylia，别名"小叶黄杨"、"锦熟黄杨"、"瓜子黄杨"、"千年黄杨"等，通称"箱子木"，黄杨科，黄杨属，常绿灌木，或小乔木，高达 8 米～10 米，叶革质，卵形或长椭圆形叶，正面深绿色，背面为浅绿色，叶缘呈浅波状，花浅黄色，蒴果近球形，分布在热带和亚热带地区，我国东南沿海、西南、台湾都有分布。明代李时珍《本草纲目》记载："黄杨木生诸山野中，人家多栽种之，枝叶攒簇上耸，叶似初生槐芽而青厚，不花不实，四时不凋，其性艰长。俗说岁长一寸，遇闰则退。今试之，但闰年不长耳。其木坚腻，作梳、剜印最良。"

🌸 鉴识要点

黄杨木材质柔韧，表面光滑，木色为淡黄色，俗称"象牙黄"，老黄杨木材色则呈浅绿色，木纹斑纹状，香气清淡，质地致密、细腻，肉眼看不到棕眼，难割裂，易加工。黄杨木的清香可以驱

蚊。此外，黄杨木还有杀菌和消炎止血的功效。

🌸 黄杨木家具

黄杨生长缓慢，无大料，明及清前期家具多用来与高档红木搭配使用，制成枨子、牙子等构件，或镶嵌装饰，或雕刻成精细的工艺品，未见有大件家具。这也是许多初识者将黄杨木雕刻作品误以为是象牙制作的主要原因。

黄杨木雕莲蓬（清）

黄杨木雕人物故事图插屏（民国）

56

杉木

🌸 基本定义

学名 Cunninghamia Lanceolata，又称"沙木"、"正杉"、"刺杉"、"天蜈蚣"、"千把刀"等，杉科，杉属，常绿乔木，高可达 30 米以上，喜生长在气候温暖、湿润地区，分布在澳洲和南洋群岛等地以及我国的福建、江西、浙江、广东、广西、华北、四川、湖北等省。杉木树种很多，有冷杉、水杉、紫杉、柳杉、池杉等。

杉木具有治疗脚气、心腹胀痛的功效。唐代苏恭《唐本草注》："杉材木水煮汁，浸捋脚气肿满，服之疗心腹胀痛，去恶风。"

🌸 鉴识要点

杉木材质轻韧，材色呈浅黄褐色，纹理顺直，结构均匀，具香味，强度适中，耐腐、耐水，含有"杉脑"，能抗虫蛀。杉木品种虽多，多地都有出产，但福建和云南出产的杉木质量最为上乘。

🌸 杉木家具

杉木材质轻，耐腐蚀，不变形，常作为髹漆家具的胎骨，一些材质致密、肌理均匀、硬度较强的杉木还被用于建筑、造船等领域。在江南常用杉木造船及做棺木，明代王象晋《群芳谱》记载："杉类松，而干端直，大者数围，高十余丈，文理条直。南方人造屋及船多用之。"

楸木

🌸 基本定义

学名 J.mandshurica Max.，俗称"楸子"、"楸木"、"胡桃楸"，民间称不结果的核桃树为楸，核桃科，核桃属，落叶乔木，高可达 20 米，原产中国，生长在东北及华北地区。

楸木也写作"槚木"、"榎木"、"椅木"、"梓木"，晚明谢在杭《五杂俎·物部》说："梓也，槚也，椅也，楸也，豫章也。一木而数名者也。"

楸树叶有药用价值，明代李时珍《本

杉木大漆四足榻（清）

核桃楸树干

栗褐色，无异味。与核桃木相比，楸木重量轻，色浅，质松，棕眼大而分散。

✿ 楸木家具

楸树生长缓慢，60年到80年才能成材，所以楸木特别稀少，极为名贵。楸木耐腐朽强，不变形，不开裂，明清两代常用来制作床榻、柜橱和架格等大件家具，并与高丽木、核桃木搭配使用。用楸木制作的家具，不仅具备红木家具的实用性和观赏性，还具有红木家具所没有的坚固性，不开裂，不变形。现在用楸木制作的仿古家具，坚实耐用，自然环保，受到中老年人和成功人士的喜欢。

草纲目》中说："楸树叶捣敷疮肿，煮汤洗脓血。冬取干叶用之。"又说："楸树根、皮煮之汤汁，外涂可治秃疮、瘘疮及一切毒肿。"楸树叶还可食用，明代鲍山《野菜博录》中记载："食法：采花炸熟，油盐调食。或晒干、炸食、炒食皆可。"楸树叶还能作饲料喂猪，宋代苏轼《格致粗谈》中说："桐梓二树，花叶饲猪，立即肥大，且易养。"

✿ 鉴识要点

材质优良，质地松软，细腻，棕眼排列平淡无华，木色暗，少有光泽，收缩性小，木纹顺直，美观，心材浅褐至

楸木多宝格（民国）

附属用材

附属用材包括木材以外的各种材料，主要有石材、螺钿镶嵌材料、编织材料、金属配件、黏合材料等，有着强烈的装饰效果，使古典家具显现出多姿多彩、生机盎然的情趣。

石材

石材以石板为主，包括大理石、花斑石、祁阳石、湖山石、南阳石及花蕊石等，以自然形成山川烟云图案，体现山水画水墨氤氲艺术效果的为上品。石材通常制成板材，常用作桌凳的面心、屏风式罗汉床的屏心、插屏的屏心及柜门门心等，与古典家具深沉的材色相辉映，赏心悦目。

大理石

大理石是古典家具上使用最多的石材，产于云南大理县点苍山，故又称"点苍石"。明代文震亨《长物志》："大理石出滇中，白若玉、黑若墨为贵。白微带青、黑微带灰者皆下品。但得旧石天成山水云烟如米家山，此为无上佳品。古人以相（镶）屏风，近始作几榻，终为非古。"

大理石质地坚硬，光亮润滑，花纹千变万化，其纹美者犹如着色的山水画，奇妙无比，富有诗意，根据颜色的不同可分为彩花石、云灰石、纯白石和水墨石四种。

✿ 彩花石

是白底上有各种天然彩色花纹的大理石。按色泽的不同，有绿花、秋花、金镶玉、葡萄花之分，以绿花最佳，也最稀少。绿花青翠碧绿；秋花红似晚霞；金镶玉呈黄绿色；葡萄花呈紫色。彩花石储量较少，夹生在云灰石矿床中，不易开采，极为珍贵。

✿ 云灰石

又叫"水花石"，灰白色底上带黑灰色水纹状花纹。云灰石耐压，不易破

云灰石挂屏（清）

裂，耐腐性能好，石质细腻，适宜制作桌面、坐墩面，又可做房屋的柱子基石，古代又称"础石"、"醒酒石"。

大理石

❀ 纯白石

是家具装饰的优良石材，石质细腻，洁白晶莹，经打磨，光鉴照人。近代赵汝珍《古玩指南》记载："白色大理石以洁白如玉者为上品，杂色者以天成山水云烟如米氏画境者为佳，否则均不为贵也。"

❀ 水墨石

是稀有、名贵的大理石，白底带淡墨色花纹，磨制后光洁平滑，表现出淡墨写意画的意韵，多镶嵌在插屏、围屏屏心和椅背板。

黄花梨嵌大理石桌面（明）

花斑石

花斑石即土玛瑙，石质不佳，呈半透明状，多呈灰、白、红三色，分布有苔纹和胡桃纹，花纹如玛瑙，红多而细润者佳，产于山东省临沂市莒南县、沂水县、费县、临沂、日照市莒县等地。

明代曹昭《格古要论》："土玛瑙，此石出山东兖州府沂州。花纹如玛瑙，红多而细润，不搭粗石者为佳。胡桃花者最好，亦有大云头花者及缠丝者皆次之，有红白花粗者又次之。大者五六尺，性坚，用砂锯板，嵌台桌面几床屏风之类。又曰锦屏玛瑙。"又说："红丝石类土玛瑙，质粗不润，白地上有赤红纹路，并无云头等花，亦可锯板嵌台桌。大者五六尺，不甚值钱。""竹叶玛瑙石，此石花斑与竹叶相类，故名竹叶玛瑙。斑大小长短不一样，每斑紫黄色，斑大者青色多。性坚，可锯板嵌桌面。斑细者贵，斑大者不贵。有一等斑小者如米豆大，甚可爱，碾作骰盆等器。此石甚少。"

祁阳石

祁阳石即永石，因产于湖南省永州市祁阳县而得名。石质不甚坚，温润细腻，石色匀净，有浅绿色如云烟状的云石（俗称花石板），有紫红色中间夹有青绿石纹的"紫袍玉带"石，还有黄褐、深褐、朱紫、橄榄绿、乳白色、黑色等颜色石，以紫花纹者为佳，显现山水日月人物形象者为佳。明代文震亨《长物志》记载："永石，即祁阳石，出楚中，石不坚，色好者有山水日月人物之象，紫花者稍胜……大者以制屏亦雅。"王佐《新增格古要论》也说："永石，此石出湖广永州府祁阳县，今谓之祁石。永石不坚，色青，好者有山水日月人物之象……青花者锯石板可嵌桌面屏风，镶嵌任用，皆不甚值钱。"然而，祁阳石资源奇缺，在近代初期几乎开采殆尽，故极为珍稀。

此外，祁阳石还可雕琢成砚，称"祁阳石砚"、"祁阳砚"，是价值不菲的石砚精品。

祁阳石雕仙鹤纹挂屏（清）

湖山石

湖山石多呈青黑色，石质坚硬，纹理与楠木瘿的花纹相似，像满面葡萄繁密瑰丽，产于江苏省南京市江宁区湖山。湖山位于江宁区南三十里处，山上有湖，久旱不涸。明代王佐《新增格古要论》记载："此石（湖山石）青黑色，类太湖石，花纹与骰子香楠木相似。性坚，锯板可嵌桌面，虽不奇异，亦少有之。"

红木嵌湖山石诗文插屏（清）

南阳石

又称"硫黄石"、"绿石"，石质坚硬、细润，多呈淡绿色调，有纯绿色花、淡绿花、油色云头花等品种。以纯绿花者品质最佳，其他次之，产于河南南阳一带。明代曹昭《格古要论》记载："此石（南阳石）纯绿花者最佳。有淡绿花者，有油色云头花者皆次之。性坚，极细润，锯板可嵌桌面砚屏。其石于灯前或窗间照之则明，少有大者，俗谓之琉黄（磺）石。"

南阳石多用来镶嵌桌面心和砚屏心，也是明清时期制作琴桌等家具的主要石材。

花蕊石

别称"花乳石"、"黄石"、"白云石"，为变质岩类含蛇纹石大理岩的石块，产于河南省三门峡市的灵宝市一带。宋代寇宗奭《本草衍义》："黄石（花乳石）中间有淡白点，以此得花之名。《图经》作花蕊石，是取其色黄。"道出花蕊石之名的由来。宋代掌禹锡《嘉祐本草》："花蕊出陕华诸郡，色正黄，形之大小方圆无定。"说明花蕊石的产地、颜色、形制的特点。宋代苏颂《图经本草》："（花蕊石）出陕州阌乡，体至坚重，色如琉黄（磺）。形块有极大者，陕西人镌为器用，采无时。"也说明了花蕊石的产地、特征和用途。

花蕊石由石灰岩经变质作用形成，体重质坚，呈不规则块状，断面不整齐，有不锋利的棱角，表面白色或淡灰白色，有淡黄色或黄绿色的点状、条纹彩晕夹杂其间，光照可见星状光泽闪烁。花蕊石以有黄绿色斑纹者为佳，可用来琢制器物，也可入药，有收敛止血、化淤行血的功效。

螺钿镶嵌材料

螺钿镶嵌材料，有海贝、夜光贝、夜光螺、珍珠贝、三角蚌、石决明、砗磲壳等，来自淡水湖泊和咸水深海中。三角蚌的蚌龄在3年到5年之间就可用作镶嵌材料；石决明即鲍鱼螺，又称"真珠母"、"鳆鱼甲"、"九孔螺"、"千里光"、"鲍鱼皮"、"金蛤蜊皮"，中医用作清热明目的药物；砗磲壳是佛教七宝之一，大可达1米左右，壳厚，色白，有纹理。

这些贝壳，贝龄越长壳越厚，结构紧密，有韧性，五彩缤纷，色泽艳丽多变，极具装饰性，使家具显得五光十色。有些上百年的贝壳，质量好，可锯成平面较大的开片。具体制作时，可根据需要，用锯条锯成各种大小厚薄不等的螺钿片。软螺钿多用彩钿片。镌甸多用白色螺钿。硬螺钿则是彩钿和白钿都用。

黑漆嵌螺钿题诗山水人物插屏（明）

编织材料

凳、椅、床、榻等古典家具上大量采用棕、藤、线绳等材料编织而成的软屉。

用藤编织的藤屉，先在木框内缘打眼，用棕绳穿网目作底，再在上面编织藤屉，最后用四根带斜坡的木条（叫"压边"）压盖木框上的透眼。用木制或竹制的销钉将压边钉牢，并施鳔胶粘合固定。藤屉的编法有疏有密。孔目稀疏的软屉，成八角形，又称"胡椒眼"，其编织方法

63

源于战国的竹编。孔目细密的软屉，有人字纹、井字纹等纹样，有多种编织方法，通常应用在精制的杌凳及椅子上。

藤材用藤皮劈成，可宽可窄，细者称为"藤丝"或"藤线"。用藤丝编织成的软屉质地柔韧，有暗花纹，迎光映视清晰可见，精致无比。然而令人遗憾的是，明及清前期家具上用藤丝编成的软屉多已损坏残破，少有保存完好的。

清乾隆十四年（1749）纂刊《工部则例》卷二十一记载："藤作用料则例：凡劈做宽一分内外藤皮，内务府、制造库俱无定例。都水司净藤皮一斤，用径三分魁藤五斤，今拟净藤皮一斤用径三分魁藤五斤。凡穿织实藤屉，内务府无定例，制造库每折见方尺一尺，用藤皮十一、十二两不等。今拟每折见方尺一尺，用净藤皮四两。凡穿织径一分胡椒眼藤屉，内务府、制造库俱无定例，今拟每折见方尺一尺，用净藤皮三两二钱。凡穿织径二分胡椒眼藤屉，内务府、制造库俱无定例，今拟每折见方尺一尺用净藤皮二两八钱。"

用线绳编织的软屉，编织技法与用藤丝编织的软屉相似，但不用棕绳打底。线绳或用丝绒拧成，或用棉线合股而成，编织的软屉色泽明亮，图案更为精美，绚丽耀目，为家具增色不少。线绳软屉多见于交椅、交杌之上，粗简无华中传递出浓郁的质朴之气。

圈椅藤座面

转椅藤座面

金属饰件

古典家具上的金属饰件材料主要有金、银、铜、铁。金、银饰件主要作镶嵌装饰，将金和银制成薄片或极细的金银丝作为镶嵌漆器的花纹。铜饰件有白铜和黄铜之分，是家具上应用最多的一种金属饰件，与硬木家具深沉的色泽相映成趣，形成强烈的对比，同时也弥补了某些结构上的缺憾，对家具起到了保护加固的作用。白铜为铜、镍、锌的合金，色泽柔和，远胜黄铜。铁饰件主要用在家具的包角和接缝处。

金属饰件在技法上有错金、错银、錾花和鎏金等，造型优美，有方形、圆形、菱形、矩形、条形、蝶形、古币形、海棠形、云头形、牛鼻环形等，纹饰生动多变，有鱼纹、蝉纹、鸟纹、夔龙纹、如意纹、叶边纹、绳纹、回纹等。根据饰件作用的不同，可分为面页、合页、钮头、吊牌、拍子、套脚、包角、提环等。

❀ 面页

面页是用钮头和屈曲穿结固定在家具表面的铜饰件，或光素，或錾凿花饰，形状各异，多见圆形和长条形，长条形面页叫"面条"。面页由两块或三块组成，既起保护木质的作用，又能将分散的部件连结起来，装饰效果鲜明。

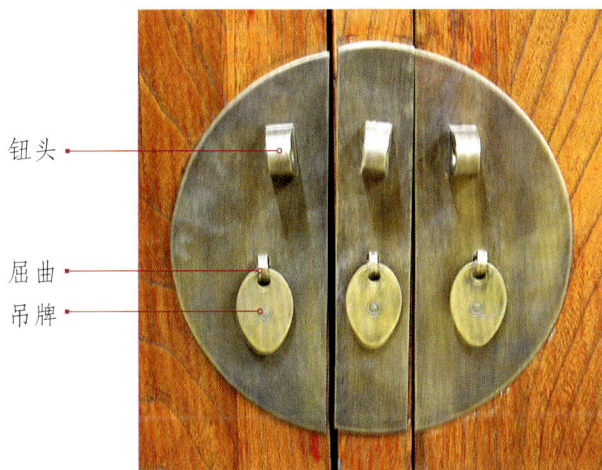

钮头
屈曲
吊牌

面页

面条

钮头

铜饰件，外端有圆孔，高高突起，可供穿锁用，内端穿过面页或面条，将其与家具固定在一起。

屈曲

铜饰件，将一根两头稍尖的扁形铜条对弯后，中间形成孔眼，可套吊牌、提环，组成家具的拉手，还可上锁。屈曲的两头尖端同时穿过家具表面，可将面页或面条固定在家具的一定部位。

❀ 合页

即现在的铰链，是由两块铜板共同包裹一根铜轴组成两折式，可开可合，故名。合页连接家具的两个部件，使之能够活动，多见于箱盖、柜门边上，造型多样，以长方形、圆形和花边形较为常见。

合页

❀ 拍子

拍子是安装在箱盖前脸正中部位的饰件。拍子由上、下两半面页和曲曲组成，上半个面页安在箱盖上，下半个面页用屈曲固定在箱体上。开启箱、匣时，拍子起吊牌的作用，便于开启；箱、匣闭合时，拍子与面页扣合起来，可以加锁。

拍子

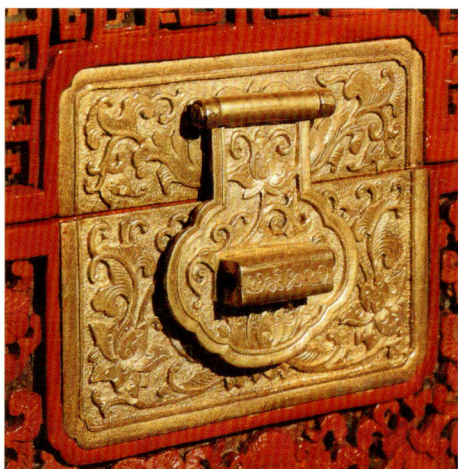

拍子

❀ 吊牌

吊牌是片状的活动拉手，用屈曲串联构成，固定在家具的特定部位，旋转自如。吊牌与面页配合使用，式样较多，多錾凿花纹，有极强的装饰性。

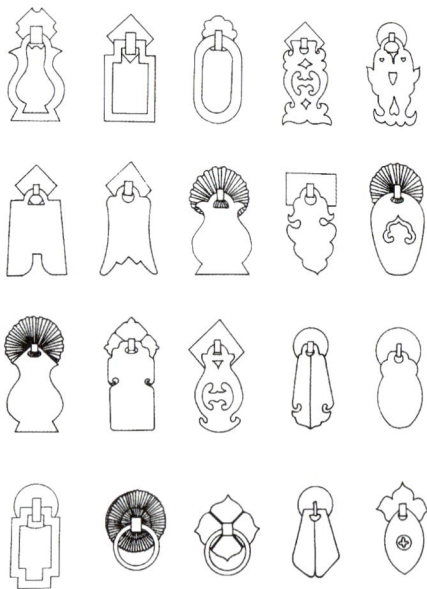

吊牌

❀ 包角

包角是镶装在家具外轮廓边角处的三角形饰件，多錾有图案，起保护和装饰家具的双重作用。

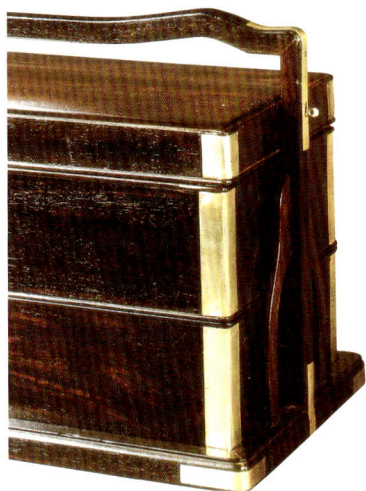

提盒铜包角

❀ 套脚

套脚是套在家具足端的饰件，多用于桌腿、椅腿上，以圆形、方形、丁字形较为常见。套脚是高档家具上必用的金属饰件，既可防止家具腿足受潮而糟朽，也具有精致、华美的装饰效果。

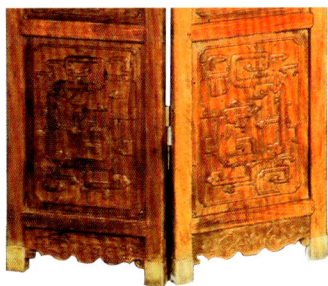

铜套脚

❀ 提环

提环是装在箱、匣两侧和抽屉脸上的环形拉手，便于开关、提取、搬运，多和面页组合在一起。

提环

黏合材料

古典家具采用榫卯结构，精密严实，有的不需要用胶，有的只少量用胶。传统的黏合材料主要是鱼鳔、骨鳔、猪皮鳔等动物胶，有块状、粒状、条状等形状，以鱼鳔的性能最好。古典家具使用动物胶作为黏合材料，优点是在常温下会冻结，黏性很强，而受热时又成为溶液，失去黏性，这也使得古典家具便于维修。然而，古典家具也因此有怕水浸、怕受热的缺点。

❀ 鱼鳔

古时称"胶"为"鳔"。用鱼鳔和鱼皮制成的胶，古时北方称"鱼鳔"，南方叫"明胶"。鱼鳔是从大黄鱼内脏中取出鳔，用手把鱼鳔纵向撕成细条状，用温水浸泡数日，每日勤换水，避免鱼鳔变馊，然后放入专制的铸铁鳔锅熬煮半小时，再把多余的水去掉。用木杵将胶捣烂、捣碎，直至成为乳白色的胶体。捣制好的鱼鳔均匀没有颗粒，鱼鳔随木杵的敲砸可拉长至一尺多长，边捣边拉起胶缠绕在木杵上，缠绕到一定厚度时，用刀刃割断成小块，晒干待用。使用时，用鳔锅加水熬制，用多少就加多少块，熬到"冬流流，夏稠稠"状态，趁热使用。

❀ 骨鳔

用牛皮、驴皮等兽皮，羊、猪的筋骨，爪等原料熬制而成。其中，用牛皮为原料熬制的骨鳔，呈茶褐色半透明状，质量较好，仅次于鱼鳔。

好的骨胶硬而亮，干燥匀净，难捣碎，水泡后易膨胀，不易溶解。次的骨胶，色暗无光，杂质多，有臭酸味。

❀ 猪皮鳔

用猪皮或其他动物的皮骨为原料熬制而成，颜色灰白，多呈条状，粘合力良好。调制时，先将猪皮膘打碎，置于20℃左右的水中浸泡6个小时左右，然后取出泡好的猪皮鳔，放在木板上用斧子剁砍成小块，再放入胶锅中加水炖煮。炖煮时，勤搅拌次，使胶液均匀，直至成为稀糊状方可使用。

胶料的调制标准

俗语"冬流流，夏稠稠"是胶料的调制标准，即是说胶料应随着温度的变化而变化。冬天温度低时，胶料应调稀些，提起胶刷时胶液急速而连续往下流，胶桶内还能听见较小的声响；夏天温度高时，胶料则应调稠些，提起胶刷时胶液缓慢而连续往下流。

熬制胶料，不能混入锯末、沙土、刨花等杂物，应注意保持清洁。胶液不能长时间熬煮，更不能熬糊了，否则会影响和减弱胶粘的质量。煮胶时，最好用多少熬多少，剩下的胶液不要存放太长时间，否则会变质，不能使用。夏天，还要将剩下的胶液炖热煮开，放在干燥通风处。

第一章 古典家具制作工艺

　　古典家具结构合理，装饰精美，制作工艺精湛。榫卯结构牢固、合理、科学，制作时不用钉子，极少用鱼胶，以精确的榫卯结构将家具坚固地结合起来。装饰工艺上，无论是明式家具的简洁朴素，还是清式家具的秾华富丽，都令人惊叹。自清代乾隆年间开始，古典家具还以地域为特征，形成了各具特色的工艺流派。

工艺结构

从工艺结构上认识古典家具，需要在了解传统木工的基础上，通过对古典家具的结构部件、造型结构、榫卯结构一一解析，才能达到认识的目的。

传统木工

明清时期的古典家具都是用木材制成，在掌握这些古典木制家具制作工艺之前，对传统的木工工具和工艺流程作个初步的认识，将有助于更好地理解古典家具的工艺结构。

传统木工工具

古代制作木家具主要通过画线、锯、刨、凿、铲、雕、砍、削、钻等木工工艺来完成，所需要的工具都是根据这些制作工艺来配备的。

❀ 画线工具

画线工具包括量具和画线工具，主要有直尺、木折尺、角尺、规、墨斗、线勒子、墨株等。

直尺：是丈量木材、画直线、校验物面平直度的量具。

木折尺：是丈量木材的量具，一般为八折式，用八块薄木片铆接在一起，也有四折和六折式。

角尺：也叫"曲尺"、"弯尺"、"方尺"，有90°直角尺、45°角尺和活动角尺，是木工画线的主要工具，用来画线，校验刨平后的板、枋材以及结构之间是否垂直和边棱成直角。

规：即圆规，主要用于画圆、几何形的圆弧。古人把角尺和圆规称为"规矩"。

墨斗：用绳在木料上弹画长直线时所用的工具。

线勒子：有单线勒子和双线勒子之分，能在木料上勒出单线和平行线。

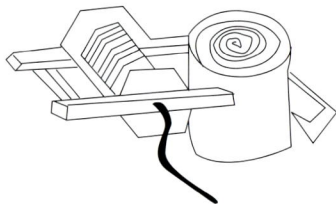

墨斗

墨株：在整齐的木料上画大批量纵直线的工具。

刀锯：属于专用锯，用于横方向的锯割。

✿ 锯割工具

锯的种类较多，主要有框锯、板锯、刀锯等。

框锯：即常用锯，包括粗齿锯、中齿锯、弯锯。粗齿锯的锯齿较大，用于横向或纵向锯割较厚的木板；中齿锯齿形小或略大，用于锯割一般木件；弯锯有大弯锯、小弯锯和钢丝锯之分。小弯锯又叫"绕锯"，用来锯割小圆弧和曲线形的木件。钢丝锯又叫"弓锯"、"镂弓子"，用竹片弯成弓形，两端钻孔，装上钢丝，用于锯割小的曲线，镂空花活。

板锯：又叫"戗锯"，锯条宽厚，锯齿大，用于纵方向的锯割。

✿ 刨削工具

刨子用于拼缝、去荒料、去堑磋或找平、裁口、剔槽等，包括中粗刨、细长刨、细短刨、轴刨、线刨、榜刨等。轴刨包括铁柄刨、圆底轴刨、双重轴刨、内圆刨、外圆刨等。线刨包括拆口刨、槽刨、凹线刨、圆线刨、单线刨等。榜刨是在一根带柄的木条上嵌入20多片长5厘米~6厘米、高3厘米~4厘米、厚0.2毫米的钢片，然后用钢锉将钢片找平，开刃。若硬木表面上有堑磋的部位，用力压住榜刨向前平推几次，就会将木料表面修整得平整光洁。

刨主要由刨身、刨刃、刨楔、刨把等构成，各种刨子的刨刃在刨床上的倾斜角度（刨刃固定在刨床上与刨底所形成的斜度）最大不应大于55°，最小不能小于35°。

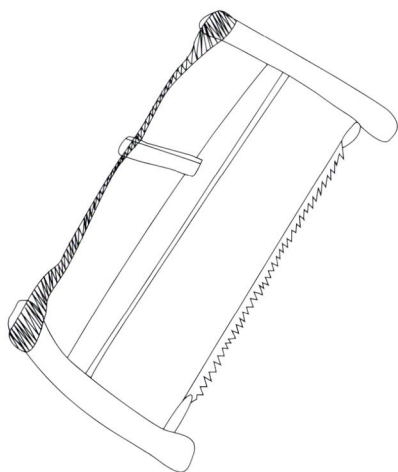

框锯

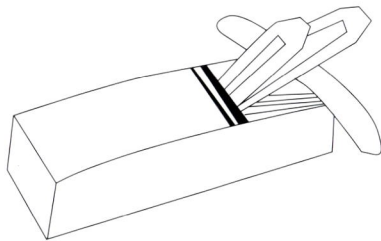

刨子

❀ 凿孔工具

凿子是用于凿榫眼、挖空、剔槽、铲削的工具。凿子由凿箍（初用牛筋或麻绳缠圈制作，后使用铁圈）、凿柄、凿裤（装凿柄的孔）、刃部构成，分为平凿、圆凿、斜凿。其中，平凿又有窄宽之分，窄凿又叫"凿子"，宽凿也叫"薄凿"。

平铲

凿子

雕刀

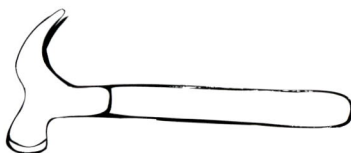

锤子

❀ 铲雕工具

铲用于铲削木料或挖剔木料，凿刻雕花的工具。雕刀是木工雕刻和精细加工的工具。

铲：由铲身、铲柄构成，常用铲有平铲、圆铲、双面铲、斜铲、翘头铲等。

雕刀：多为斜刀刃，有大小号之分，还有用于阴刻的三角形龙须刀。对雕件进行细加工需要将铲和雕刀配合起来使用。此外，雕刻时一般要用木槌击打。木槌由锤头、锤把、铁楔构成，锤头的底面平整不凸。

❀ 砍削工具

砍削是用斧、锛砍劈或砍削木材。

斧：有单刃斧和双刃斧之分，单刃斧的斧刃在一侧，用于砍削框料的多余部分；双刃斧的斧刃在中部，多用于建筑木工的正反面砍削。

锛：用于大木料的砍削，比斧子的砍削量大。锛由锛柄、木楔、护铁、刃部、箍组成，刃部与锛柄垂直。使用时，将木料两头垫起放平稳，脚踩稳后，双手紧握锛柄，按照墨线的要求顺木纹砍削，注意不要砍伤腿脚。

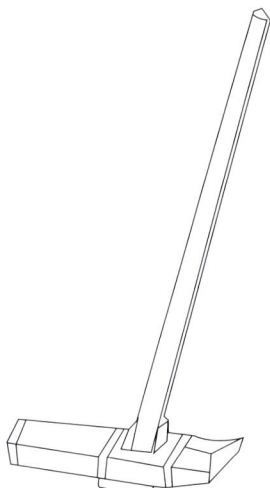

拉钻：又叫"手拉钻"、"牵钻"，用于钻直径较小的孔，手持拉杆，牵动牵绳，带动钻杆，使钻头旋转以钻孔。

陀螺钻：又叫"螺旋钻"，利用钻陀的惯性作用，在家具上钻小孔，钻孔较深。

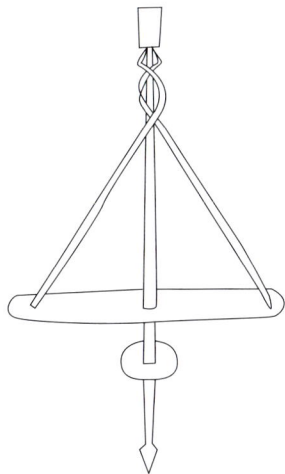

锛

❀ 钻孔工具

木钻是用于钻孔的工具，有拉钻、螺旋钻之分。

陀螺钻

木工之祖鲁班

鲁班（约前507—前444），姓公输，名般，又称公输子、公输盘、班输、鲁般，鲁国（今山东滕州）人。因"般"和"班"音相同，所以人们称他鲁班。

鲁班出生于世代工匠的家庭，是我国古代一位出色的发明家，发明涉及机械、土木、手工工艺等方面。相传今天木工使用的许多手工工具，如曲尺、墨斗、锯、刨子、铲子、钻等都是鲁班发明的，因而我国的土木工匠们尊称鲁班为祖师。

鲁班像

《鲁班经匠家镜》

　　明代初期编纂的木工专用书籍《鲁班经》，早期刻本是《鲁班营造正式》，只记载了木结构建筑造法，没有提及家具制作。明代万历年间增编的《鲁班经匠家镜》中加入了有关家具的条款五十二则，并附有图式。清代更名为《工师雕斫正式鲁班木经匠家镜》，成为我国仅存的一部记载家具规格，并有图式的民间木工匠师营造专著。

　　《鲁班经匠家镜》共三卷。第一卷讲述建筑的形式和名称；第二卷叙述仓廒、桥梁等建筑，以及日用家具的名称、常用尺寸、式样和做法；第三卷叙述房屋布局的吉凶等。

《鲁班经匠家镜》插图（明刊本）

木工工艺流程

1. 选料、配料

选择木纹美观，便于刮刨的木材。根据家具的形制选择所用材料的尺寸及色泽。

2. 开料、部件细加工

将板材加工成部件毛料，再将各部件毛料加工成符合标准形状、标准尺度的精料。

3. 开榫凿眼

先在木料上画线，确定凿榫眼的位置，然后按家具各个部位连接的情况做出不同的榫卯结构。

4. 试组装

行业术语叫"认榫"，是将开好榫凿好眼的木部件进行试组装，检查榫卯是否大小合适、是否严密、有无歪斜或翘角等情况。若有不妥，应及时修整。

5. 雕刻纹饰

包括画活、雕刻、做细等工序。

6. 部件的精细磨光

行业术语叫"磨活"，经过打磨的硬木表面十分光滑，看不见刻痕和横向的擦痕。

7. 组装

行业术语叫"攒活"，把所有的部件正式组装起来，组装时要在水平、干净的地面上进行。

8. 最后修整

行业术语叫"净活"，主要是对接口微小不平之处用"榜刨"进行刮修，把新加工处打磨干净，把胶迹擦干净。还要用火燎工艺烧掉家具表面上翘起的细小木刺。

9. 染色

经过染色处理，可使一件家具的颜色一致。染色是用棉丝或软布蘸泡好的染色剂，顺木纹均匀擦拭，避免染色剂流淌，待干后视颜色深浅及木色情况，再进行二三次染色，才能保证家具的颜色均匀一致。

10. 烫蜡擦亮或擦漆

通过加热，把石蜡熔融在家具表面，并用柔软的白布擦磨石蜡多次，家具表面会呈现出柔和的油光，显示出美丽的木纹和色泽。擦漆，用纱布蘸天然大漆，擦涂在家具上，待漆干后，进行打磨，再擦涂一次，如此擦涂打磨数次后，家具表面会出现镜面般的透明漆层。

结构部件

古典家具的结构部件作为制作家具的基础构件，都有特定的名称、制作要求和用途。

❀ 大边

大边是采用攒框法制作的框架，两根长而出榫的木料。

❀ 抹头

抹头是采用攒框法制作的框架，两根短而凿有榫眼的木料。

❀ 面板

面板是采用攒框法制作的椅面、桌面、案面、几面、柜门、柜帮、绦环板等，心板所取用的板材。

❀ 圈口

圈口是在由大边与抹头组成的方框内侧，安装四根牙条，形成各种圈形装饰式样。圈口使框形结构得到加固，使家具能承受较大的压力，不致变形。通常，圈口的名称依据安装在圈口内侧牙子的线形来命名，有圆形、椭圆形、如意形、海棠形、壶门等形状。

黄花梨折叠式大禅凳凳面（明）

壶门圈口

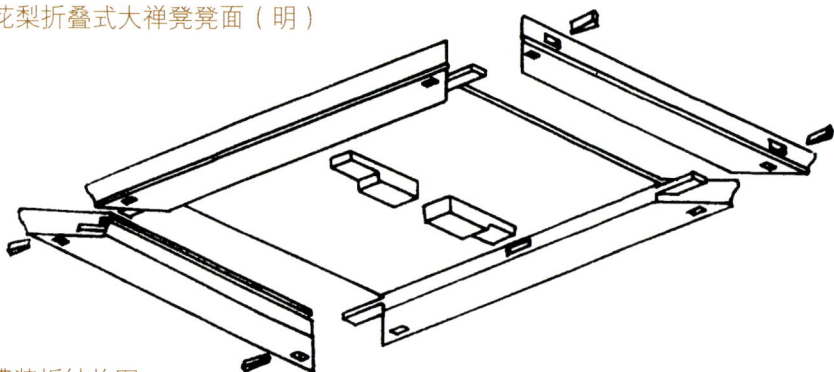

攒边打槽装板结构图

把面板装入由大边和抹头构成的边框内，大边和抹头的里口打槽，通槽留有充分余地，面板因干湿发生伸缩时不致涨裂变形或吸缩透缝而导致家具松动和变形。

❀ 搭脑

搭脑是椅子、衣架等家具最上端的横梁。因可以让人的头部靠着休息而得名。椅子搭脑两端和后腿相连，中间与靠背穿插，正中高出向后略卷，方便人们靠躺时头部搭靠。

搭脑

❀ 中牌子

中牌子是衣架等架具立柱中部与横枨构成的长方形框档，常镂雕花纹。

中牌子

❀ 开光

开光是在床围子、椅背板、墩子、柜门等处锼挖出的各种形状的孔洞，主要起装饰作用。

开光和亮脚

❀ 亮脚

亮脚是在床围子、椅子靠背、插屏底座、衣架墩子等下部与座面相接的部位，挖出各种纹样的亮洞，主要起装饰作用。

亮脚

❀ 鹅脖

鹅脖是椅子前腿上端，延伸到椅盘以上并与扶手相连接的部分。

❀ 联帮棍

又称"镰刀把"，是位于扶手椅扶手中部之下的一根立柱，向外弯曲，酷似镰刀把。

鹅脖和联帮棍

❀ 牙子

又称"牙条"、"牙板"、"角牙"，是位于家具横、竖材交接处，起加固和装饰美化作用的各式短木条、短木片、角花板等。

牙子

❀ 束腰

束腰是家具面板和牙条之间缩进的部分，能增加面板和框架的牢固性，也有显著的装饰作用。

❀ 托腮

托腮是位于束腰与牙子之间的一根过渡性木条，线脚挺括，起加固束腰和装饰的功能。托腮可分做另安，也可与牙子一木连做，南方工匠称托腮为"迭刹"。

❀ 绦环板

绦环板是在床围子或高束腰等处镶嵌的装饰板，四边起线中部透雕。

❀ 矮老

矮老是多用在床榻、椅凳、桌案等家具横枨和牙条之间起支撑和装饰作用的小短柱。

矮老

❀ 卡子花

又称"结子花"、"吉子花"，是装饰化了的矮老，多用在矮老的位置，与矮老作用相同。卡子花常被雕刻成圆、方、双套环、方胜、卷草、云头、玉璧、古钱、花卉等各种图案。

束腰和托腮

云头形卡子花

❀ 券口

床榻、椅凳、桌案几等家具腿部与横枨之间构成的方框内，上面和左右两侧安装牙条，形成各种装饰性侧板，起支撑和拉接作用。安装在券口内侧的牙子，造型丰富，券口根据牙子的线形来命名，常见的有椭圆形券口、方形券口、鱼肚券口、海棠券口、菱花券口、壶门券口等。

壶门券口

❀ 枨

指水平安装在床榻、桌椅类等家具腿足之间的一根木条，起加固腿足的作用。常见的枨子有罗锅枨、霸王枨、裹腿枨、管脚枨、十字枨、米字枨等。

罗锅枨：是一种中间向上凸起，两头低的枨子，曲线优美，呈拱背形，常与矮老和卡子花配合使用。

霸王枨：一端安在家具腿足内侧，另一端与面板底部连接的一种呈 S 形的斜枨，坚实有力，起承重和加固腿足的作用。

裹腿枨：横枨从腿足外面包裹住腿足，是仿竹藤家具的装饰风格。

管脚枨：安装在椅、凳腿足下部的枨子。管脚枨安装在同一水平面上的叫"四面平管脚枨"；管脚枨的前后枨低，两侧枨高，叫"赶枨式管脚枨"；管脚枨的前枨位置最低，两侧枨稍高，后枨最高，叫"步步高式管脚枨"。

十字枨：位于四条腿之间呈十字形交叉的两根横枨。

米字枨：位于六条腿之间呈米字形交叉的三根横枨。

罗锅枨

赶枨式管脚枨

霸王枨

霸王枨为S形，上端与桌面的穿带相接，用销钉固定，下端与腿足相接（位置在本来应放横枨处）。枨子下端的榫头为半个银锭形，腿足上的榫眼是下大上小。装配时，将霸王枨的榫头从腿足上榫眼插入，向上一拉便勾挂住了，再用木楔将霸王枨固定住。

步步高式管脚枨

裹腿枨

十字枨

四面平管脚枨

米字枨

🌸 腿

家具的腿部，有方腿、圆腿、三弯腿、蜻蜓腿、竹节腿、剑棱腿等式样。

🌸 足

足是家具腿着地的部位，形式多样，有马蹄足、兽爪足、回纹足、如意足、踏珠足等。

🌸 托泥

托泥是位于几、墩等家具足部之下，起承托和防潮作用的木框。托泥有圆形、方形、六角形、八角形、梅花形、海棠形等形状，使家具显得庄严厚重、精致考究。有的托泥下方还装有小底足，俗称"龟足"。

圆形托泥

🌸 转柱

也叫"转轴"、"门轴"，是柜门上起开合门扇作用的活络装置，也可起到线形的作用。转柱出榫，插入柜门上下两根横枨凿出的榫眼中，随着柜门的开关而转动，作用相当于合页。

转柱

🌸 闩杆

位于两扇柜门之间的立柱，以臼窝与柜的上下横枨相连接，能拆卸，安装铜饰件加锁或穿钉就能把柜门和立柱闩起来，便于锁牢。

闩杆

古典家具的造型结构

古典家具的造型结构分为四柱框架式、侧山连接式和箱式结构。

四柱框架式是以四条立柱作为支撑骨架，四条立柱之间用横枨相连，形成框架，在需要封闭的部位嵌入薄木板。制作床榻、桌、凳、椅等家具多采用此结构。

侧山连接式是先制作出家具的两个侧山，再用横枨相连而成。制作橱柜、案、几等家具多采用此结构。

箱式结构是先将窄薄木板拼成的六块大板连成六方体木箱，再将木箱锯成两部分，作为箱盖和箱体。制作箱、盒类家具多采用此结构。

榫卯结构

榫卯结构用于连接家具的各个部件。榫俗称"榫头"，指木构件上凸出的部分。卯也叫"榫眼"、"卯眼"，是安榫头的孔眼。古典家具所用的榫卯结构有近百种之多，常用来连接两个面、两个边、面板与边、两根木条、三个木构件，一般不露木材的横断面，不加木楔，不用透榫，拼缝严密。

燕尾榫结构图

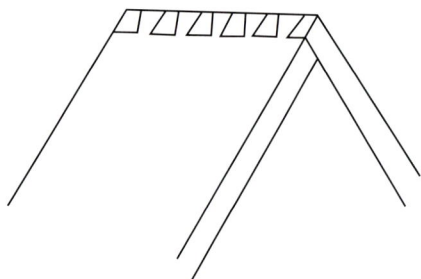

❀ 燕尾榫

用于两块平板直角相接，榫头端头宽，根部窄，呈梯形，形似燕子的尾巴，故名。

❀ 明榫

也叫"透榫"、"通榫"，榫头外露。

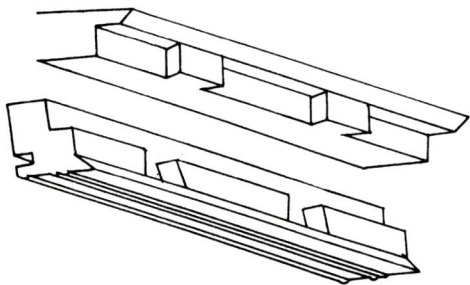

明榫结构图

🌸 暗榫

也叫"闷榫"，两块木板两端接合使用燕尾榫，榫头不外露。

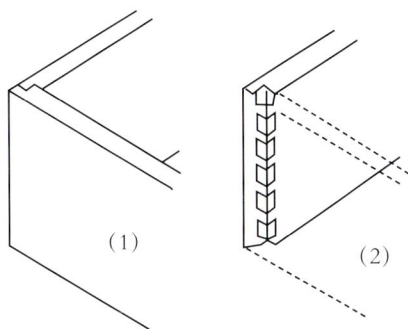

(1)　　　　　(2)

暗榫结构图

🌸 半榫

不凿穿榫眼，榫头不外露，榫舌长度约为明榫的 2/3。

🌸 长短榫

榫头做成一长一短互相垂直的两个榫头，分别与边抹的榫眼结合，一般用于腿部与面板的边抹接合处。

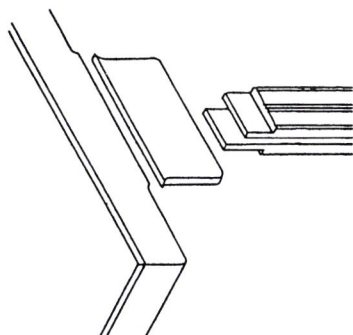

长短榫结构图

🌸 套榫

明清时期的椅子搭脑不出挑，与腿交接时，在搭脑处挖方形榫眼，腿部做出方形榫头，二者相套接。

🌸 龙凤榫

两块相拼接的平板，一块板边起榫舌，另一块板边凿出通槽，使两块板能拼合起来。

🌸 挂榫

又叫"扎榫"、"挂楔"、"走马销"，榫头一边成斜面，榫眼一边也凿成斜形，再放长一倍凿直眼，榫头入直眼后再拍进原榫眼。拆装时，需重新将榫头移入直眼再探出。

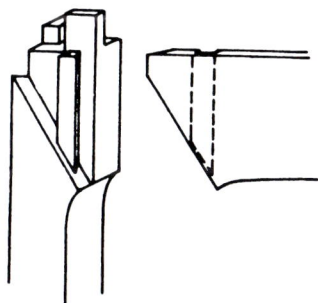

挂榫结构图

❀ 夹头榫

腿足高出牙条和牙头，顶端出榫，凿出槽口，与面板底面的榫眼接合，把紧贴在面板下的长牙条嵌夹在四足上端的槽口内，是制作案类家具常用的榫卯结构。

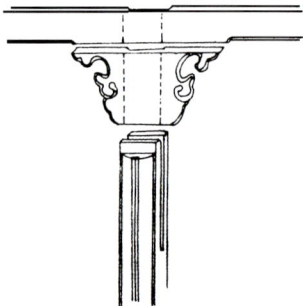

夹头榫结构图

❀ 插肩榫

腿子顶端的榫头呈台阶状，与面板大边上的榫眼接合，将腿足肩部的外皮削出八字斜肩，牙板的正面上也剔刻出与斜肩等大等深的槽口。装配时，牙条与腿足之间以斜肩嵌入。

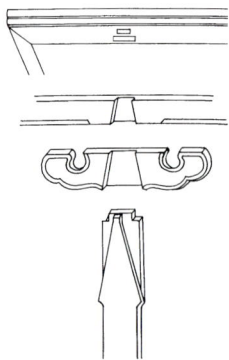

插肩榫结构图

❀ 格肩榫

横竖材料相交，将横材榫头外半部皮子锯割成等腰的三角尖，在竖材榫眼相应的半部皮子上也锯割出等大的等腰三角形豁口，然后相接交合。

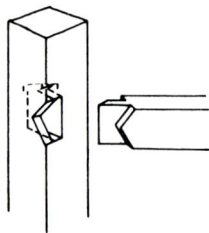

格肩榫结构图

❀ 抱肩榫

在腿足上端做出两个相互垂直但不连接的半榫头，然后在与束腰相接的部位，做出 45° 角的斜肩，凿出三角形榫眼，与牙条的三角形榫舌接合。在斜肩上做上小下大、断面为半个银锭形的"挂销"，与牙条背面的槽口套挂。抱肩榫结构复杂，多用于束腰家具腿足与束腰、牙条之间的连接。

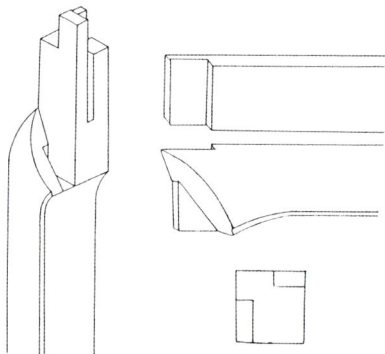

抱肩榫结构图

❀ 托角榫

在腿足上端挖榫眼，与角牙的榫舌相接合，当牙条与腿足相接合之际，将角牙与牙条都插入榫眼之中，是一组卯榫的组合，用来连接角牙、腿足和牙条。

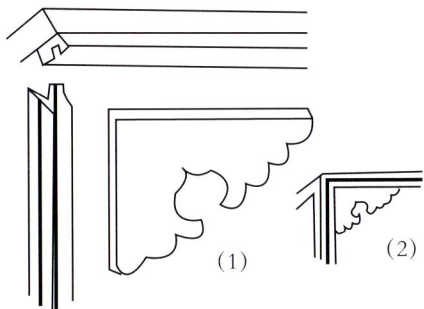

托角榫结构图

❀ 粽角榫

外形像粽子，三面与角线均成45°角，呈三角齐尖，多用于框形结构腿足、牙条、面板的连接。

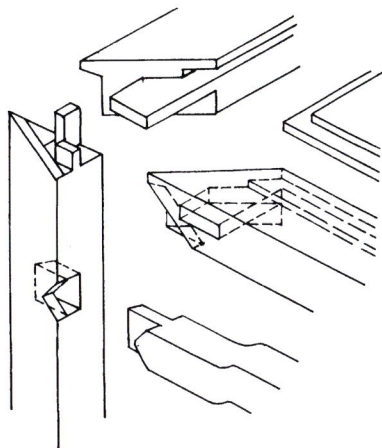

粽角榫结构图

❀ 楔钉榫

两根圆材的端头各截去一半，作手掌式的搭接，每半片榫头的前端都有一个梯台形的小直榫，可插入另一根上的凹槽中。然后在连接部的中间位置凿一个一端略大、一端略小的榫眼，最后插入与此榫眼等大的长木楔。楔钉榫常用来连接圆棍状又带弧形的家具部件，如圈椅扶手。

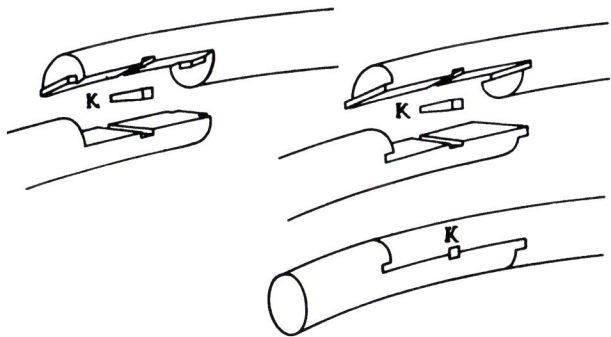

楔钉榫结构图

装饰工艺

明式家具装饰风格简洁、质朴，多运用线和面来造型，呈现出高雅素朴之美。清式家具装饰华丽，除了运用线脚、牙子、腿足、雕刻、攒斗装饰外，还大量采用髹漆和镶嵌工艺，表现出富丽堂皇的装饰效果。

线脚装饰

线脚是指家具中部件截断面边缘线的造型线式。古典家具的大边、抹头或腿足等部件的截断面边缘线，大多数有不同洼鼓起伏的形状，在方与圆之间产生种种变化，呈现出起伏和凹凸，丰富了家具形体空间的层次感，使家具的造型富有艺术情趣。

❀ 边抹线脚

边抹线脚分为上下不对称式和上下对称式两类。上下不对称线脚，呈上舒下敛式，断面像盘子的边沿上部喷出，下部收拢，北京匠师统称为"冰盘沿"。

冰盘沿是明式家具常用的一种线脚，有许多式样，曲线变化丰富，差别微小，使面板侧边的线条变得柔和，给人以舒适感。

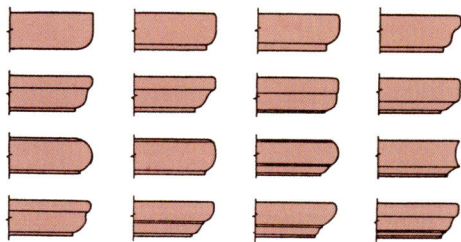

冰盘沿线脚示意图

拦水线

沿桌面边沿凸起的一条阳线，起拦住酒水、不让酒水沿桌面流下的作用。

天盘线

在面框的内沿凸起的一条阳线，与拦水线相似，常见于茶几、花几之类面框较小的家具面上。

古典家具鉴赏与投资

❀ 枨子线脚

一般情况下，枨子线脚呈上下对称式，与边抹线脚的上下对称式相同。而且枨子上矮老的线脚大多和枨子线脚保持一致。

❀ 腿足线脚

家具腿足断面的线脚通过在方（含长方）圆（含椭圆）之间不断变形，呈现出不同的造型。常见的腿足线脚如下：

阳线：高出平面或浑面凸起的线形。

凹线：凹入平面的线形。

芝麻梗：用两条洼线（内凹弧线）组成的线脚，因形像芝麻秆，故名。

线香线：是一种线形挺直、圆曲率较大的阳线，线感强烈。

竹片浑：像竹片那样向外凸起，呈圆弧形浑面。

文武线：由一浑（外凸）一洼（内凹）两种线形组成。

捏角线：方足边棱上打折的线形。

瓜棱线：又称"甜瓜棱"，起棱分瓣一类的线脚，多出现在一腿三牙式桌、圆角柜等家具的腿足上。

皮带线：平扁而较宽的阳线，因像马车上使用的皮条而得名。较窄的叫皮条线。

洼儿：阳线正中向下凹入的线形。

有的皮条线中部加注儿，使皮条线高起的中部稍洼下，形成凹面。

灯草线：浑圆且饱满的阳线。

弄洞线：两边高起，中间凹进的线形。

剑棱线：中间高、起棱、两边斜仄犹如宝剑剑背的线形。

一炷香：在腿足正面起一道阳线。起三道阳线的叫"三炷香"，常见于案形结构家具的腿足上。

改竹圆：鼓圆凸起的线脚。

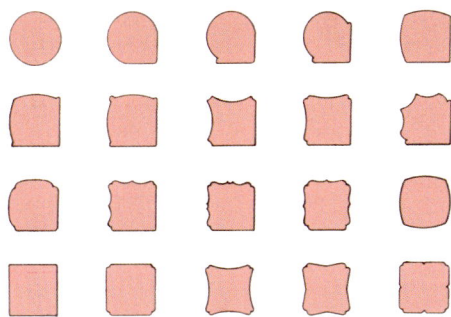

圆足、方足断面线脚示意图

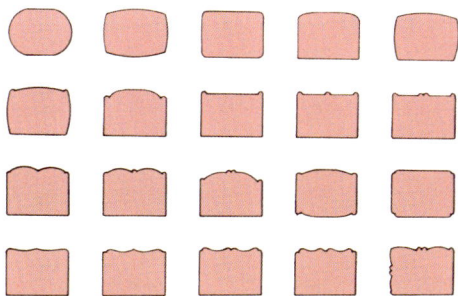

扁圆足、扁方足断面线脚示意图

牙子装饰

　　牙子指安装在家具面板之下连接两腿的木条,起加固和装饰作用。牙板有无雕刻花纹的素牙和雕刻花纹的花牙板之分,用于家具不同部位上,有不同的名称。

　　托角牙:又叫"倒挂牙子"、"替木牙子",呈三角形状,或L形,安装在家具牙子与腿足相交的下侧,或横材与竖材相交的拐角处。明式椅的后腿和搭脑、扶手与鹅脖的交接部位,常安装托角牙作装饰,既加强牢固性,又分外美观。

　　站牙:又叫"壶瓶牙子",下部嵌入家具呈垂直状的两片牙子,相对站立,从前后抵夹立柱,形似一个葫芦瓶,多安装在屏风、架具类家具的足部。

　　挂牙:上部嵌入家具呈垂挂状的牙子,多安装在衣架、屏风类家具上。

　　擢脚牙:位于椅子前腿或桌子腿部内侧一条带擢脚的直杆,上端与枨和短柱组成一组构件。擢脚牙的两个端头有多种形式的变化,常见的是带钩卷珠的钩子头。

托角牙

站牙

挂牙

擢脚牙

披水牙：又叫"勒水牙子"、"坡水牙板"，指插屏上等设在两个屏座与横档之间，前后两块带斜坡的长条花牙，形似墙头上斜面砌砖的披水，在侧面形成八字形。

一腿三牙：是明式桌的桌面与桌腿及牙子之间的一种结构方式，指桌子的四条腿的上端都与两个侧面的两根长牙条及承托桌角的一根角牙相接，故名。

披水牙

一腿三牙

腿足装饰

古典家具的腿式造型生动，丰富多样，引人注目。随着腿式的变化，家具的足部也呈现出多种足式，多姿多彩，形制优美，极富装饰性。

❀ 方直腿
采用方材制作的腿子，腿柱顺直。

❀ 圆直腿
采用圆材制作的腿子，腿柱平直。

方直腿　　　　圆直腿

❀ 三弯腿
腿柱从束腰处向外鼓出，在上段与下段过渡处向里挖成弯折状，足部大多有凸起或向外翻。整个腿式有三道弯，故名。

三弯腿

❀ 鼓腿彭牙

是有束腰家具的一种结构方式，腿子和牙子在束腰处都向外凸出，然后稍向内收，顺势作成弧形，足部多作内翻马蹄形。

鼓腿彭牙

❀ 蜻蜓腿

又称"螳螂腿"，腿足细长，呈S形，上粗下细，足部带弯外翻，形式柔媚，宛若细长的蜻蜓足，富有弹性，主要用于香几上。

蜻蜓腿

❀ 蚂蚱腿

腿部犹如带刺的蚂蚱，中间雕刻花翅，凸显于腿部直线之外。

❀ 竹节腿

腿部做成竹节形状。

❀ 直足

足端没有任何装饰，随着腿子直落到底。

蚂蚱腿　　　竹节腿　　　直足

❀ 撇足

足下端向外撇出，多见于几类家具上。

撇足

❀ 马蹄足

是从腿部延伸到足部变化微妙的弧线，自然流畅，光挺有力。向内翻者叫"内翻马蹄足"，向外翻者叫"外翻马蹄足"。

内翻云纹马蹄足　　外翻云纹马蹄足

❀ 回纹足

足端雕刻成回纹装饰。

❀ 兽爪足

足端雕刻成兽爪形。

❀ 如意足

足端雕刻成如意形。

如意足

❀ 卷珠足

又称"象鼻足"，足端外翻卷珠，三弯腿的足部多用此足式。

❀ 卷叶足

足端雕刻出向上翻卷的叶形装饰，三弯腿的足部多用此足式。

回纹足　　　　兽爪足

卷叶足

❀ **踏珠足**

足下踏着圆形小珠子。

❀ **关刀足**

足端向内侧勾，呈钩形。

踏珠足　　　　　关刀足

红木线雕梅花图盖盒（清）

线雕梅花图分布在盖盒四面与盒盖，采取中国画留白技法构图，梅枝老辣，梅朵圆厚。盖面行书题刻咏梅诗句："落落漠漠路不分，梦中唤作梨花云。"

雕刻工艺

古典家具上的雕刻工艺是雕中有刻，刻中有雕；雕取其形，刻取其意。主要有线雕、浮雕、透雕、圆雕等工艺。

❀ **线雕**

又称"线刻"、"阴刻"，用刻刀在平面上刻出花纹，刻痕陷于木材之内。多用于围屏、箱柜类家具表面的器物、人物或文字纹的单线条勾画，线条清晰明快，富有表现力，宛若白描。线雕是雕刻工艺的基础技法，任何一种雕刻装饰技法都依赖于线雕才能完成。

❀ **浮雕**

是在一个背景平面上，雕刻出凸于平面，适于从正面观赏的图案。浮雕图案在厚度方位上进行了压缩，据厚度压缩的程度，可将浮雕分为深浮雕、中浮雕、浅浮雕及薄肉雕。其中，深浮雕雕花浮出底平面30毫米～60毫米不等，偶尔略加镂空，但不透雕，厚重写实，立体感强；浅浮雕多为雕花浮出平面3毫米～15毫米，浅浮于表面，形意自然。

浮雕在家具装饰中用途极广，适合表现山水风景、楼台殿阁、街市等内容复杂、场面宏大的画面，通过浮雕底层到浮雕最高面的形象之间的互相重叠、上下穿插，营造出深远的意境。浮雕还多与圆雕结合使用，用圆雕技法表现主要形象，浮雕、线雕等技法表现次要形象，并作为衬底。

浮雕双螭纹

❀ 透雕

又叫"镂空雕",家具行业中叫"锼活"或"锼花",对木板进行穿透雕刻,镂空掉不必要的空白处,凸显出花纹,使家具显现出华美、灵秀之美。透雕有只透雕正面,不雕背面的正面透雕;有正、背两面都透雕花纹的正背两面透雕;也有透雕正、背两面,并且将纵深部分镂空的整挖透雕。如椅背多不见人,一般多雕正面。像床围子、衣架

的中牌子、插屏的屏心等,正面和背面均外露,所以正背两面都做透雕。透雕还常和不同的雕刻技法相结合,形成多层次的镂空雕刻,如和浮雕相结合,在浮雕花纹之外或之间稍加透雕,具有很强的工艺观赏性。

❀ 圆雕

圆雕是现代美术术语,古代无专门术语,指不带背景、具有真实三维空间关系、适合从多角度观赏的四面雕刻。古典家具中的端头、柱头、腿足、底座等,多采用圆雕技法雕刻出人物、动物、植物纹等图案,形象生动,写实性强。

圆雕龙头纹

透雕麒麟螭虎纹

攒斗工艺

"攒斗"是行业术语，包括攒接和斗簇，指运用榫卯结构将许多小木料制成小部件，形成四方连续性的几何图案，在家具上用作大面积装饰的工艺技法。攒斗原本是中国古建内檐装修中运用较广的一种工艺，古建的门窗、楣花罩等构件就是采用攒斗工艺。古典家具中架格的栏杆、床围子、衣架的中牌子等部件多采用攒斗工艺，形成几何纹，体现了"通透为美"的审美观念。

攒接是用榫卯结构把纵横的短小木料接合起来，形成品字纹、卍字纹、十字纹、扯不断等几何图案的工艺手法。

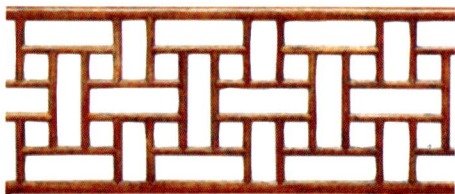

攒接曲尺纹

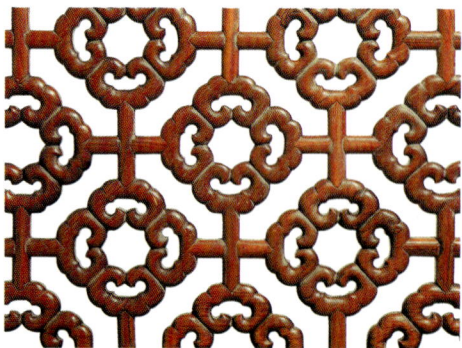

攒斗云纹和十字纹

斗簇是将锼镂的小木料拼凑、斗合成四簇云纹、灯笼锦、十字绦环等图案的工艺手法。攒接加斗簇，即攒斗，结合使用攒接和斗簇两种技法制成的装饰图案，融攒接的结实牢固和斗簇的轻盈华丽于一体。

漆饰工艺

漆饰工艺的技艺美，体现在制漆、涂漆与雕刻的结合上。明清时期，漆饰工艺发展到顶峰，各种漆饰技法丰富多彩，有一色漆、罩漆、描漆、描金、堆漆、填漆、雕填、螺钿、犀皮、剔红、剔犀、款彩、戗金、百宝嵌等。

一色漆：用一种单色漆髹涂在漆器上，而不施纹饰的髹饰技法。

罩漆：又称"罩明"，将一层透明漆髹涂在漆器上的髹饰技法。在不同底漆上罩漆，根据底漆的名称来命名罩漆名。

描漆：又称"设色画漆"，用各种色漆在光素的漆地上描画花纹的一种髹饰技法。

描金：用麻布粘压在木家具上打底，磨平整后，在素漆（即黑漆）上用"金驼"画出亭台楼阁、人物花草等图案，上大漆罩面呈红黄色。在素漆上用"银驼"画出亭台楼阁、人物花草等图案，上大漆罩面则呈金黄色。

堆漆：在漆器上用漆或漆灰堆出雕琢或不雕琢的髹饰技法。

填漆：用刀尖或针在漆器表面上刻出阴文，再填入彩漆，并磨平出花纹的髹饰技法。

雕填：综合采用填漆和戗金两种髹饰技法，先填漆制造出花纹，然后戗金勾画出轮廓。

螺钿：也写作"螺甸"、"螺填"，是用贝壳薄片制成人物、鸟兽、花草等形象，镶嵌在髹漆器物上的装饰技法。从镶嵌技法上可以分镶嵌硬钿、镶嵌软钿和镶嵌镌钿等。

犀皮：又写作"西皮"、"犀毗"，在漆器上磨显出纹饰，与质地保持齐平。

剔红：在漆胎上涂上近百道朱色大漆，待干后剔刻出花纹的一种髹饰技法。

剔犀：又称"云雕"、"屈轮"，根据图案的设计要求，有规律性地逐层涂近百道相间的朱漆和黑漆或朱、黄、黑三色更迭的漆层，待干后剔刻出回纹、绦环纹、卷草纹、云钩纹等图案，纹样流转自如，回旋生动。

款彩：又称"刻漆"，在漆灰地上按画稿剔去漆灰，然后把漆色或油色填入花纹内，磨平抛光，显现出图画效果。

戗金：在填漆磨平之后，依纹样勾画出阴纹线，并在阴纹线间填入金、银或彩漆的髹饰技法。

百宝嵌：用象牙、各种玉石、彩石

雕漆描金嵌葫芦纹瓷板挂屏（清）

填漆锦地开光齐眉祝寿炕桌桌面（清）

黑漆嵌螺钿"轻舟渡河"桌面（明）

等珍贵的材料制成薄片状装饰物，镶嵌在漆器上，充分发挥材料的天然质地、颜色美等特性，使家具焕发出珠光宝气、华丽的风格。百宝嵌又称"周制"，因由嘉靖年间扬州著名漆器匠师周翥创制而得名，江苏扬州也成为百宝嵌家具的发祥地。

《三百六十行·描金漆器》（清）

填漆戗金龙纹金包角宴桌桌面（清）

剔红花卉印盒（清）

款彩山水人物折屏局部（清）

百宝嵌江南人物风情挂屏局部（清）

镶嵌工艺

在家具上镶嵌大理石、玉石、陶瓷、犀角、贝壳、牛骨、金属、瘿木、黄杨木、竹子、银丝、珐琅等材料，利用这些材料的不同质地、色泽，在家具上形成瑰丽的装饰效果。

嵌大理石：在家具上嵌有花纹的大理石作为面板。家具上所嵌的大理石要选择上品，即选择花纹美丽，白如玉、黑如墨者，白质纹章中有山水者，白质绿章者。

嵌瓷板画：在家具上镶嵌带有彩绘图案的瓷板画，多装饰在床围子、桌凳的面心、屏风的屏心等部位。

嵌牛骨：在家具上镶嵌牛骨，形成人物故事、风景山水、花鸟、几何纹等纹样。

嵌木：用名贵的浅色木材制成镶嵌部件，通过木质色彩的对比来突出主题。

嵌竹黄：将去掉竹子青皮的竹黄镶嵌在家具上。嵌竹黄家具十分名贵，多见于清代宫廷中。

嵌银丝：先将白银轧成细银丝，制成装饰纹样，压嵌入依纹样凿刻出的浅槽内，敲实至平，经打磨后上蜡或擦漆，家具的表面便出现工整华美的银丝图案。

嵌珐琅：用珐琅工艺制成平板状的各种饰片，镶嵌在家具上形成豪华的图案，多见于清式家具中。

黄花梨嵌碧玉山水纹折屏局部（清）

粉彩花鸟圆瓷板挂屏（民国）

掐丝珐琅诗句花鸟图挂屏（清）

装饰纹样

古典家具的装饰纹样丰富多彩，就内容而言，主要包括动物纹、植物纹、山水纹、人物纹、云纹、几何纹、文字纹、器物纹、宗教纹等。而且这些装饰纹样常以各种物品名称的谐音拼凑在一起，组成吉祥语，寓意吉祥。

动物纹

古典家具上装饰的动物纹，大都选取人们崇拜喜爱、喜闻乐见的动物形象。其主要有龙纹、凤纹、螭纹、麒麟纹、蝙蝠纹、鹿纹、鹤纹、喜鹊纹等，具有吉祥安泰、平安、长寿的寓意。

❁ 龙纹

龙是中华民族的图腾和象征，"四灵"之一，刚强劲健，性猛而威，能兴风雨、利万物，在封建时代是皇权和贵族的象征，也是神武和力量的化身，多装饰在宫廷及皇族使用的家具上。

草龙纹

行龙纹

在古典家具中，装饰龙纹的家具，几乎遍及所有的门类。常见的有形象生动的"正龙"、"升龙"、"降龙"、"行龙"、"团龙"、"草龙纹"、"二龙戏珠"、"云龙纹"、"龙凤纹"、"拐子龙纹"等。其中，拐子龙纹、草龙纹和二龙戏珠是古典家具中常见的龙纹。拐子龙纹的龙足、龙尾形成拐子，转角成方形，多雕刻成带有直角的构件，用来填布方形空间。草龙纹的龙足和龙尾向上旋转，宛如卷草。二龙戏珠的两条龙腾云驾雾，戏耍或追逐一颗火珠。

红木嵌寿山石牡丹凤纹挂屏（清）

🌸 凤纹

凤是神鸟、瑞鸟，百鸟之王，其形象集合各种飞禽之美于一体，鸡嘴、鸳鸯头、火鸡冠、仙鹤身、孔雀翎、鸳鸯腿，在封建时代被视为皇后的象征。古典家具上常见的凤纹有"龙凤呈祥"、"丹凤朝阳"、"凤穿牡丹"、"双凤戏珠"、"凤栖梧桐"、"团凤"、"拐子凤"等。

螭虎捧寿纹

🌸 螭纹

螭纹又叫"螭虎纹"、"螭龙纹"，与龙纹相似，无角，身躯似壁虎或蜥蜴，不刻鳞甲，四只脚，尾长如卷曲的蛇或呈卷草型，一般认为螭纹是龙纹的前身。古典家具上常见的螭纹有"团螭纹"、"拐子螭纹"、"螭虎闹灵芝"等。

螭纹

🌸 麒麟纹

麒麟本性温良，是古代传说中的瑞兽、仁兽，"四灵"之一，与鹿相似，头上生角，角上长肉，狮面，长颈，牛身，全身布满鳞甲，狮尾牛蹄。古典家具中常见的麒麟纹有"麒麟送子"、"麟吐玉书"、"麟凤呈祥"，为吉祥之兆，有早生贵子、天下太平的寓意。

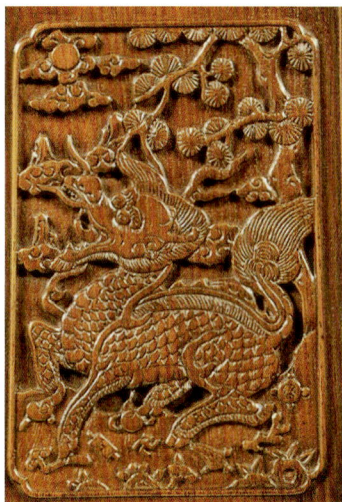

麒麟纹

🌸 狮纹

狮子是百兽之王，象征权力。古典家具中的狮纹多用来祝福官运亨通、飞黄腾达。常见的图纹有"双狮绣球图"（雄狮抓着绣球，雌狮未抓绣球，象征喜庆）、"太狮少狮图"（大狮喻太师，少狮喻少师，寓意官运亨通）等。

双狮绣球图

🌸 蝙蝠纹

蝙蝠是一种在夜间飞行的哺乳动物，属动物学中的翼手目。因蝠、福相谐，故民俗将蝙蝠视为"福"的象征，蝙蝠的飞临寓意"进福"，希望福运自天而降。古典家具上常见的蝙蝠纹有两只蝙蝠组成的"双福纹"，蝙蝠与云纹组合的"洪福齐天"，蝙蝠、寿桃或寿字、如意组合的"福寿如意"，五只蝙蝠环绕"寿"字飞翔的"五福捧寿"，盒中飞出五只蝙蝠的"五福和合"，蝙蝠和磬、双鱼组成的"福庆有余"等。

福庆有余

🌸 鹿纹

鹿是长寿仙兽，传说中的瑞兽，又叫"斑龙"，与"禄"谐音，常和寿星组合在一起构成图案，表达祝寿、祈祷之意。鹿和蝙蝠组合的图案寓意"福禄双全"、"福禄长久"。鹿、路谐音，两只鹿的图案寓意"路路顺利"。鹿、陆(六)谐音，鹿与鹤组成的图案，寓意"六合同春"、"鹿鹤同春"。

🌸 鹤纹

鹤是仙禽，一品鸟，长寿鸟，丹顶、长颈、素羽。古典家具中常见的鹤纹有"团鹤纹"、"翔鹤纹"、"一品当朝"(一

六合同春

百宝嵌双鹤纹挂屏（清）

只鹤站立于潮水和山石上的图案，又称"福山吉水")、"指日高升"(日出时仙鹤飞翔的图案)、"松鹤同春"(鹤与松树组合的图案，又称"鹤寿松龄")、"龟鹤齐龄"(鹤与龟组合的图案，又称"龟鹤延年")等。

植物纹

主要纹饰有竹纹、缠枝纹、灵芝纹、石榴纹、梅花纹、莲(荷)花纹、牡丹纹、月季纹、葫芦纹、桃纹、西番莲纹等。植物纹被赋予了与自身特征相适应的精神内涵，为古典家具增添了几分高雅的气质。

❀ 竹纹

竹不刚不柔，品性高洁，经寒冬而枝叶不凋，多构成寓意常青的吉祥图案。松、竹、梅组成的图案，寓意"岁寒三友"；竹与梅、兰、菊组成的图案，寓意"四君子"；松、竹、梅、月和水组成的图案，寓意"五清图"；松、竹、萱草、兰花、寿石组成的图案，寓意"五瑞图"；天竹、南瓜或长春花组成的图案，寓意"天长地久"、"天地长春"。此外，竹还有"节节高"之意，其图案在封建仕途官场中象征"官运亨通"。

酸枝木嵌牙梅兰竹菊四条屏（民国）

缠枝纹

❀ 缠枝纹

缠枝纹又称"卷草纹"、"蔓藤纹"、"万寿藤"等,以各种藤萝和卷草为基础，向上下左右四面延伸，在枝茎上缀以花卉或枝叶，经过提炼概括变化形成的一种装饰纹样。其图纹有"缠枝莲花"、"缠枝葡萄"、"缠枝菊花"、"缠枝石榴花"、"缠枝葫芦"等，连绵不断，寓意生生不息、千古不绝，多装饰在插屏、镜屏、床楣板之上，有万代绵长的雅趣。

灵芝纹

❀ 灵芝纹

灵芝在民间被视为仙草，传说有使人起死回生的功效。历代统治者还把灵芝视为祥瑞的象征。单独一朵的灵芝纹与云头相似，二者很难区分。透雕在画桌、画案上的灵芝纹，丰腴圆润，枝叶卷转，随意生发，能将一块方正的空间填布得匀称而妥帖。"螭虎闹灵芝"的图案在明代家具中较为常见，灵芝枝叶缠卷，像卷草，纤长柔婉，其间多有奔驰的螭虎。圆雕的灵芝纹，多装饰在衣架、盆架搭脑两端的出挑部分。

❀ 石榴纹

石榴象征多子多福，裂开的石榴图案，寓意"榴开百子"，象征子孙满堂、人丁兴旺。佛手、寿桃、石榴组成三多纹，又称"华封三祝"，寓意多福、多寿、多子。蝙蝠、寿桃、石榴或莲子构成的图案，寓意"福寿三多"。

梅花纹

石榴纹

❀ 梅花纹

梅花是"岁寒三友"之一、"四君子"之一，能在老干上萌发新枝，又能凌寒开花，故被人们当作不老不衰的象征。古人认为梅有四德："初生为元，开花如亨，结子为利，成熟为贞。"梅开五瓣，象征福、禄、寿、喜、财五福，表示快乐、

幸福、长寿、顺利、和平。喜鹊站立在梅花枝头的图案，寓意"喜上眉梢"、"喜报早春"、"喜报春先"。

❀ 莲（荷）花纹

莲花又叫荷花，它出污泥而不染，是纯洁的象征，寓意吉祥。莲花成朵的图案为朵莲纹。莲花和卷草枝蔓组成的图案为缠枝莲纹。一枝莲（与廉谐音）花的图案，寓意"一品清廉"；莲（与连谐音）花与莲花组成的图案，寓意"连生贵子"；莲花、莲蓬和藕组成的图案，寓意"因荷得藕"。

嵌玉石"莲池鹭鸶"挂屏（清）

❀ 牡丹纹

牡丹国色天香，有"花中之王"的美誉，被人们视为富贵花，象征美好幸福、繁荣昌盛。牡丹纹主要有折枝和缠枝两种形式，折枝牡丹纹常装饰在柜门或背板上；缠枝牡丹纹则多用作边角装饰。牡丹是吉祥图案的重要题材，牡丹和寿石、桃花组成的图案，寓意"长命富贵"；牡丹和水仙组成的图案，寓意"神仙富贵"；牡丹和十枚古钱组成的图案，寓意"十全富贵"；牡丹和凤组成的图案，寓意"凤穿牡丹"。

❀ 葫芦纹

葫芦藤蔓绵延，果实累累，多籽，作为吉祥物，代表人们祈求子孙万代的愿望。葫芦藤蔓上结数个葫芦的满架葫芦图案，寓意"子孙万代"。

葫芦纹

❀ 月季纹

月季花四季常开，象征四季、长春，受到人们喜爱。花瓶中插月季花组成的图案，寓意"四季平安"；天竹、南瓜、月季花组成的图案，寓意"天地长春"；白头翁栖息在寿石旁月季花上的图案，

牡丹纹

月季纹

寓意"长春白头";葫芦和月季花组成的图案,寓意"万代长春"。

❀ 桃纹

桃俗称"仙桃"、"寿桃",多与祝寿的题材组合在一起。多只蝙蝠和桃组成的图案,寓意"多福多寿";蝙蝠和桃、两枚古钱组成的图案,寓意"福寿双全";桂花和桃或桃花组成的图案,寓意"贵寿无极";仙人持桃站立于桃树下的图案,寓意"蟠桃献寿"。

❀ 西番莲纹

西番莲纹最先出现在法国路易十五时代,故称"路易十五样式"。明末清初之际,西番莲纹传入我国,主要出现在清代家具中。这种纹饰与牡丹纹相似,花纹繁复绵延,寓意绵绵不断,能根据不同形状而随意生发延伸,以一朵或几朵花为中心向四围伸展枝叶,线条流畅,变化无穷。西番莲纹大都上下左右对称,或作大面积的板面装饰,或装饰边缘装饰。若是装饰圆形器物,枝叶循环往复,巧妙地衔接在一起,难以分辨出首尾。

景泰蓝贺寿如意挂屏(清)

西番莲纹

山水、人物、云纹

山水、人物、云纹是古典家具中最为常见的装饰纹样。山水纹意境清远，云纹造型丰富，人物纹情趣生动，赋予古典家具浓厚的文化气息。

❀ 山水纹

以山水画面、自然风光、风景名胜、山水乡居、庭院小景、亭台楼阁为题材构成的图案。山水纹画面场面较大，通常装饰在看面较大的屏风、柜门、柜身两侧及箱面、桌案面等处，富有清新典雅的意趣。

❀ 人物纹

以历史人物或故事、戏曲人物、儿童为题材的纹饰，有高士图、渔樵耕读、麒麟送子、婴戏图等。高士图常以隐士携琴访友、山涧行吟等为题材构成图案，表现文人雅士的生活情趣。渔樵耕读以渔夫、樵夫、农夫、书生为题材的图案，表达隐逸的生活。麒麟送子为麒麟背驮一童子驾祥云而来，寓意杰出人士的降生。婴戏图的画面由众多小孩玩耍嬉戏的场面构成，寓意多子多孙。戏曲人物通常是依据传统戏剧片断的一个或多个场面构成图案，多寓意四季平安、风调雨顺。

❀ 云纹

云纹是人们喜闻乐见的装饰纹样之一。古典家具上常见的云纹形式有四合云纹、如意云纹、朵云纹、流云纹等，多和龙纹、凤纹、蝙蝠纹、八仙纹、八宝纹组合在一起，寓意高升、吉祥、如意。四合云纹的四个如意云头绞合在一起，上下左右各有云尾；如意云纹是单个云纹，也可排列使用；朵云纹朵朵云纹互不相连；流云纹漫无定形。云纹常装饰在案形结构的牙头、挡板上，或作为主题图案的陪衬。

云龙纹

剔红高士图圆盒局部（明）

❁ 几何纹

主要指家具上浮雕、透雕、攒接的各种几何图案，有回纹、冰裂纹、拐子纹、绳纹、曲尺纹、绦环纹等。

❁ 回纹

由古代陶器和青铜器上的雷纹演化而来，基于一点，向外回旋折绕构成的几何图案，寓意吉祥绵长，福寿深远，"富贵不断头"。回纹多一正一反相连成对或连续不断，呈带状，故又称"回回锦"。家具的腿足常用单个回纹，边缘多装饰二方连续或四方连续的回纹。

回纹

❁ 冰裂纹

又称"冰凌纹"、"冰格纹"，纹饰像破裂的冰块，极富立体感。

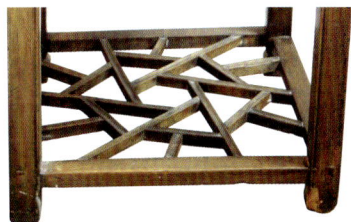

冰裂纹

❁ 拐子纹

古典家具中常见的拐子纹有花草拐子纹和拐子龙纹，图案连续不断，寓意吉祥，多装饰在牙板、站牙、挡板处。

❁ 绳纹

是由绳子构成的图案。古典家具中常见的绳纹是在桌的托腮、牙子、腿足部位浮雕绳纹，绳穿玉璧组成绳璧纹，绳连接绦环纹构成双环绳纹，绳纹和古钱组成古币绳纹。

双绳系璧纹

❁ 十字纹

是十字相连构成的图案。十字纹多攒接而成，出现在架格后背、架子床的床围子等处。

❁ 曲尺纹

由曲尺图案构成的纹样，多装饰在罗汉床或架子床的床围子、盆架的中牌子等处。

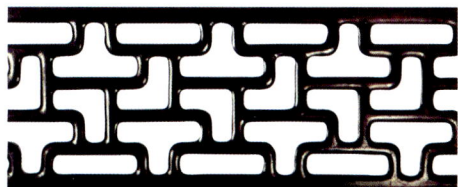

曲尺纹

绦环纹

是由两个圆形环或菱形环套合在一起组成的图案，代表"同心合意"之意。绦环纹多装饰在家具绦环板或作为某些卡子花的造型。

绦环纹

文字纹

文字纹多以"卍"字符、"喜"字、"寿"字形成的图纹，多装饰在插屏、挂屏、椅子靠背板等地方。

万字纹

由字符"卍"构成的纹样。"卍"是梵文，读作"万"，原为古代的一种符咒，后来作为护符或宗教的标志，象征火或太阳，寓意吉祥之所集，表达吉祥福瑞。万字纹用"卍"字四端向外延伸，构成各种锦纹，寓意"绵长不断"、"万福万寿不到头"。

万字纹

寿字纹

由"寿"字组成的纹样。寿字纹中的"寿"字，字体变化多端，有达300多种写法，字意延伸丰富，已演变成吉祥符号，通过谐音、假借等手法组合成多种吉祥图案。五只或四只蝙蝠围绕"寿"字飞翔的图案，称"五福捧寿"纹或"四蝠捧寿"纹；"卍"字符和"寿"字构成"万寿图"；如意与"寿"字构成"如意万寿图"。

福寿绵长

古典家具鉴赏与投资

器物纹

古典家具上的器物纹多是由文玩器物构成,主要有博古纹、如意纹、花瓶纹、古钱纹等,象征高雅。

❀ 博古纹

由古瓶、瓷罐、鼎炉、书画、文房四宝等古代器物组成的图案,多雕嵌在清代家具上。博古纹中有的器物口部点缀各种花卉,寓意主人的清雅高洁。博古纹源于北宋,宋徽宗令大臣编绘《宣和博古图》三十卷,收录宣和殿所藏古玩。后人取书中器皿图案作为纹饰,遂命名为博古纹。

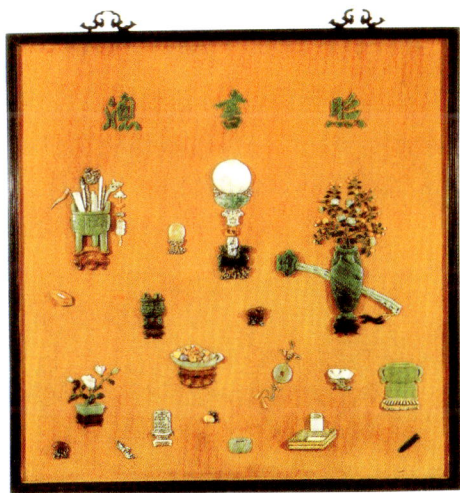

博古纹

❀ 花瓶纹

古代的花瓶是用于陈设的瓷瓶,因瓶与平谐音,故花瓶作为吉祥物,寓意平安。花瓶中插如意的图案,寓意"平安如意";花瓶中插三枝戟,旁边配芦笙,寓意"平升三级";花瓶中插玉兰花或海棠花,寓意"玉堂和平"。

❀ 如意纹

如意是传统的吉祥物,端头称"如意头"、"如意结",多呈心形、灵芝形、云形,用以搔痒,可如人意,故名。如意多和花瓶、戟、磬、牡丹、柿子等组成吉祥图案,寓意"平安如意"、"吉庆如意"、"富贵如意"、"事事如意"等。

平安如意

宗教纹

由与道教、佛教有关的人物或器物为题材组成的图案,是中国传统的吉祥纹样,寓意吉祥、如意、平安。

❀ 八仙纹

由汉钟离、吕洞宾、铁拐李、曹国舅、蓝采和、张果老、韩湘子、何仙姑八位仙人构成的图案，寓意吉祥，象征长寿、平安。民间流传的八仙故事中以"八仙过海"和"八仙庆寿"最为有名，作为吉祥图案，广泛装饰在家具和器物上。

❀ 暗八仙纹

又称"道八宝"，是以八仙手中所持的八件宝物组成的图案，人物不出现在图案中。这八件宝物分别是：芭蕉扇（汉钟离）、宝剑（吕洞宾）、笛子（韩湘子）、花篮（蓝采和）、宝葫芦（铁拐李）、渔鼓（张果老）、阴阳板（曹国舅）、莲花或荷叶（何仙姑），用来代表八仙本人，装饰在古典家具上有祝颂长寿、驱邪平安的寓意。相传，汉钟离的芭蕉扇可避大风大雨；吕洞宾的宝剑可镇邪驱魔；韩湘子的笛子能顺风千里寻知音；蓝采和的花篮能广通神明；铁拐李的宝葫芦可救济众生；张果老的渔鼓能了解生前身后事；曹国舅的阴阳板能起死回生；何仙姑的莲花能修身养性，使人长生不老。

❀ 佛八宝纹

又称"八吉祥"，指藏传佛教中法螺、法轮、宝伞、白盖、莲花、宝瓶、金鱼、盘肠八种法物组合的图案，寓意"八宝生辉、吉祥如意"。

盘肠纹

盘肠俗称"八吉"，是模拟绳线编结而来，用直线套接成菱形的几何纹，有源远流长的寓意。

暗八仙纹

❀ 杂八宝纹

指从祥云、古钱、如意、银锭、方胜、宝珠、犀角、珊瑚、灵芝、磬、蕉叶等物中任取八件组成图案，象征吉祥，寓意长寿。杂八宝纹虽也是八宝纹，但不带有宗教色彩。

❀ 福禄寿三星纹

指由福星、禄星、寿星三星组合而成的图案，寓意福如东海、寿比南山。福星即天官，手执如意，或手捧一个"福"字；禄星员外装扮，捧着金元宝，或怀抱婴孩；寿星宽额白须，手托寿桃，挂着拐杖。此外，还以谐音法用蝙蝠、梅花鹿、寿桃来代表福禄寿三星。

福禄寿三星纹

工艺流派

从清代乾隆年间开始，古典家具出现地域性特征，以苏州、广州、北京、山西、浙江、上海等地为主要制造地，形成"苏式"、"广式"、"京式"、"晋式"、"宁式"和海派家具流派。其中，以"苏式"、"广式"、"京式"家具流派为代表，京式家具和苏式家具较多地保留了古典家具的传统形式；广式家具则受西方文化影响较深，风格趋向于西化。

苏式家具

指明清时期以苏州为中心的长江中下游地区制作的硬木家具。苏式家具形成较早，一直保持着明式家具的风格，明式家具即以苏式家具为主。

苏式家具造型优美、大方，线条流畅，秀丽淳朴，用料节俭，注重对材料的合理搭配，装饰内敛含蓄，以传统的历史人物故事、花鸟山石、梅兰竹菊、吉庆长寿等纹样为主，体现出传统的审美趋向。

苏式家具的大件器物多采用包镶技法。因硬木料不易得到，故用杂木做骨架，好木料做成薄板粘贴，在木质花纹、接缝部位处理得相当仔细。包镶家具制成后，一般都要油饰漆里，在家具表面掺杂了杂木处髹漆，起到了防潮和掩饰的作用，通常从外表无法辨认，难以看出破绽。

苏式家具的镶嵌材料以玉石、彩石、象牙、骨料、螺钿、瘿木等为主，并将瘿木镶嵌发挥到了极致。目前见到的镶嵌瘿木的家具多是苏式家具。

进入清代中期以后，随着社会风气的变化，苏式家具也开始向富丽繁复及注重摆设性转变，造型繁琐，多是些放置在案头的小摆件，与明式家具风格相

苏式紫檀嵌大理石方桌（清）

背离。不过，苏式家具也参照广式家具的式样，"广式苏作"，工艺上仍保持了简练古朴的造型，比例适度，轮廓舒展，榫卯精密。

广式家具

指清代中期以来广州地区制作的硬木家具。广州地处南海之滨的珠江三角洲，经济繁荣，商业和手工业十分发达，是清代重要的贸易大港及进口优质木材的主要港埠。清代中叶，随着西方文化的传入，广州以其独特的地理位置成为当时文化交流的重要门户。西洋文化大量涌入广州，直接影响着家具制造业，于是，用料大方、体形厚重、雕刻繁缛、装饰华丽的广式家具盛行起来。

从制作工艺上可将广式家具分为镶嵌类、雕花类、平素类三大类。镶嵌类家具嵌天然色彩花纹的大理石、云石或嵌螺钿、象牙、琥珀、黄杨木等材料，装饰豪华；雕花类家具雕刻云龙纹、凤纹、夔纹、蝙蝠纹、花鸟纹、竹纹、梅花纹等传统纹样，以及带有强烈西洋风格的西番莲纹、西洋卷草纹等，线条柔婉，精雕细作，综合运用各种雕刻手法，有些家具的雕饰面积高达80%以上；平素类家具用料较大，一件家具只用一种木料，不掺杂用料，各个部件均用整料挖做而成，讲究木质的色泽美和木纹的天然美。

广式家具与苏式家具之别

用料

广式家具因木料来源充足，故用料大方；苏式家具用料节省，木方大都用小木料拼攒而成。

装饰

广式家具雍容华贵，色彩绚丽，镶嵌金、银、珍珠、各色宝石等，多雕饰西番莲纹；苏式家具含蓄内敛，温文尔雅，镶嵌竹、玉等材料，多雕饰几何纹、古玉纹、缠枝莲纹等，素雅简洁，尽显文人气质。在制作时，广式家具不油漆里，上面漆，也不上灰粉，打磨后便揩漆，木质完全裸露；苏式家具大都油饰漆里，既防止受潮，又起到掩饰作用。

广式家具在继承古典家具优良传统的基础上，大胆吸收西欧豪华、高雅的家具形式，追求富丽、豪华，雕饰精致，使用各种装饰材料，融合多种艺术手法，深受人们喜爱。清代中期以后，苏式家具走向没落，广式家具的洋化风格受到宫廷的青睐，并逐渐取代苏式家具的地位。

京式家具

指以北京为代表，流行于北京地区的家具流派。京式家具以清宫造办处所制作的家具为代表，风格大体介于广式家具和苏式家具之间。

京式家具是在苏式、广式家具的基础上发展起来的。清初，宫廷家具主要从

酸枝木嵌大理石广式扶手椅（清）

御制紫檀庙式佛龛（清）

苏州地区采办。雍正、乾隆年间，清宫造办处下设木作与广木作，从苏、广两地招聘能工巧匠，专门制作皇宫家具，苏式家具和广式家具的高手云集北京，于是形成了一种新的家具式样——京式家具。

京式家具用料比广式家具节省，比苏式家具大方，以紫檀木为主，次为红木、花梨木等，以制作大型硬木家具为主。工艺严谨，接近苏作，多不采用包镶作法，不掺假。为迎合统治阶级的生活起居和皇室的特殊要求，京式家具造型庄重威严，装饰风格在偏重于广式家具雍容豪华的同时，还运用饕餮纹、夔纹、雷纹、蝉纹等取材于古代青铜器上的纹饰，颇有古意，也大量运用龙纹、凤纹等象征皇权的纹饰，彰显出皇权的正统和威严。

自清代中期以来，京式家具用材重色泽深沉的紫檀、红木，轻黄花梨，导致许多黄花梨家具被染成深色。因此，京城保存的黄花梨家具数量不多。而且，京式家具从晚清、民国时期开始，造型庸俗，装饰繁琐，粗制滥造，常以胶粘来代替榫卯结构，家具遇潮便散架，遂沦为古典家具的末流。

晋式家具

指清代山西用核桃木、榆木和柏木制作的硬木家具。清代山西商人在商业上获得巨大成功，富甲一方，大量修建私家园林，购买硬木家具。因此，山西便出现了制作硬木家具的行业。

晋式家具造型多仿清乾隆紫檀家具，用料大气、端庄壮硕，是在山西本土漆器家具与苏式家具相结合的基础上演变而成。其家具风格保持着明式家具风格，注重线条和打磨，纹饰带有地方

晋式彩漆三弯腿闷户橱（明）

特色，表面常施以漆器描金工艺，高档家具用料以核桃木为主，普通民用家具多用榆木和柏木，乡土气息浓郁。

宁式家具

指明清以来宁波地区制作、流传的，以花梨木、红木、鸡翅木、楠木、榉木、樟木、杉木等当地木料为主要用材的民间传统家具。明清时期，随着海禁开放，宁波海外贸易极为兴盛，从南洋进口的硬木大量输入宁波，而且浙东一带能工巧匠辈出，木作技艺精湛，这些都促成了宁波家具制造业繁荣的局面。

宁式家具以彩漆家具和骨嵌家具为主，彩漆家具是在光素的漆地上用各种颜色漆描画花纹，给人光润、鲜丽的感觉。骨嵌家具在宁式家具中最为著名，多采用平嵌形式，常用红木、花梨木等硬木做底板，再嵌入牛骨、象牙、木片等材料，加工成各种纹饰，保持多孔、多枝、多节、块小而带棱角的造型，风格古拙纯朴，独具地方特色。装饰图案精致，以历史故事、民间传说、生活风俗、名胜古迹、四时景色、花鸟静物、佛手、桃、石榴、香草等为题材。

海派家具

指民国时期上海制造的红木家具，也泛称民国时期上海的红木家具制造业。民国时期，上海高速发展，成为我

描金嵌象牙人物故事插屏（明末清初）　描金嵌象牙人物故事插屏局部

国经济最繁荣、生活方式最洋化的城市。西式洋楼的大量兴建和人口的剧增，促进了上海家具业的发展。当时，在上海南市西门和新北门一带，集中了大小红木厂商一百多家。20世纪30年代，紫金路一带形成了红木家具一条街，生产的家具数量大，式样求洋、求新，适应新生活，发展成为民国家具中最具影响力的"海派家具"。

海派家具在苏式家具和宁式家具的基础上，融合西洋的巴洛克、洛可可家具风格以及法国的路易十四和"新古典主义"家具风格，形成"西洋装"、"东洋装"和"本装"三种不同装饰风格的式样系列，适应了不同顾客的需求，满足了人们崇洋、追求享受的心理。"西洋装"指家具的式样和纹饰是欧洲式；"东洋装"指家具的式样和纹饰是日本式；"本装"指家具的式样和纹饰是清式。

海派家具多选用密度大、木质细密的泰国红木、印度红木为材，花梨木也占有一定的数量，用料雄浑，以制作衣柜、陈列柜、床、五斗橱、写字台、转椅等客厅、卧房为主的嫁妆类家具和盆架、器座、插屏、箱奁等小件家具为主。海派家具造型洋化，镶嵌云石、螺钿、象牙等饰件，一般只打蜡抛光，不上漆，用绛红色打底，抛光后雍容华贵。

红木转椅（民国）

第四章 古典家具式样鉴赏与陈设

古典家具依照功能的不同，可以分为八大类：床、榻类家具，椅、凳、墩、杌类家具，桌、案、几类家具，柜、橱、架格类家具，箱、盒类家具，屏风类家具，支架类家具，天然木家具。不同种类的家具包括丰富的家具式样，不同的家具式样各有其特色和陈设方式。

床最早出现在春秋战国时期,可以坐卧,主要有罗汉床、架子床、拔步床等式样。榻出现在西汉后期,长狭而低,近于地面,只有榻身,其上没有任何装置,有四足榻、方形榻、美人榻等式样。

罗汉床

罗汉床与单人床尺寸大小相当,主要作为坐具,用来待客,也可小憩,在结构上分为束腰式和无束腰式两种。

束腰式罗汉床俗称"罗汉肚皮",牙条中部较宽,曲线弧度较大,左、右、后面三侧装屏板,内翻马蹄足,有的是直腿,床围四个外角均做委角(将面板的直角改为小斜边而成八角形的做法,江南木工叫"劈角做",北方木工称"委角")处理,形制古朴。

无束腰式罗汉床多直腿,仿藤竹家具风格,床边用圆材劈料做,三屏式床围,攒接棂格,高拱罗锅枨也采用裹腿做,直顶床边板,形制简练。

罗汉床的床围子变化丰富,有左、右、后三面各装一块围子的"三屏风式";有左、右各装一块围子,后面装三块围子的"五屏风式";也有左、右两侧各装两块围子,后面装三块围子的"七屏风式"。围子的做法也多种多样,有用独板制作、攒框镶屏板心、攒接、斗簇、攒斗、镶嵌、雕饰等。

铁梨木大理石围子罗汉床(明)

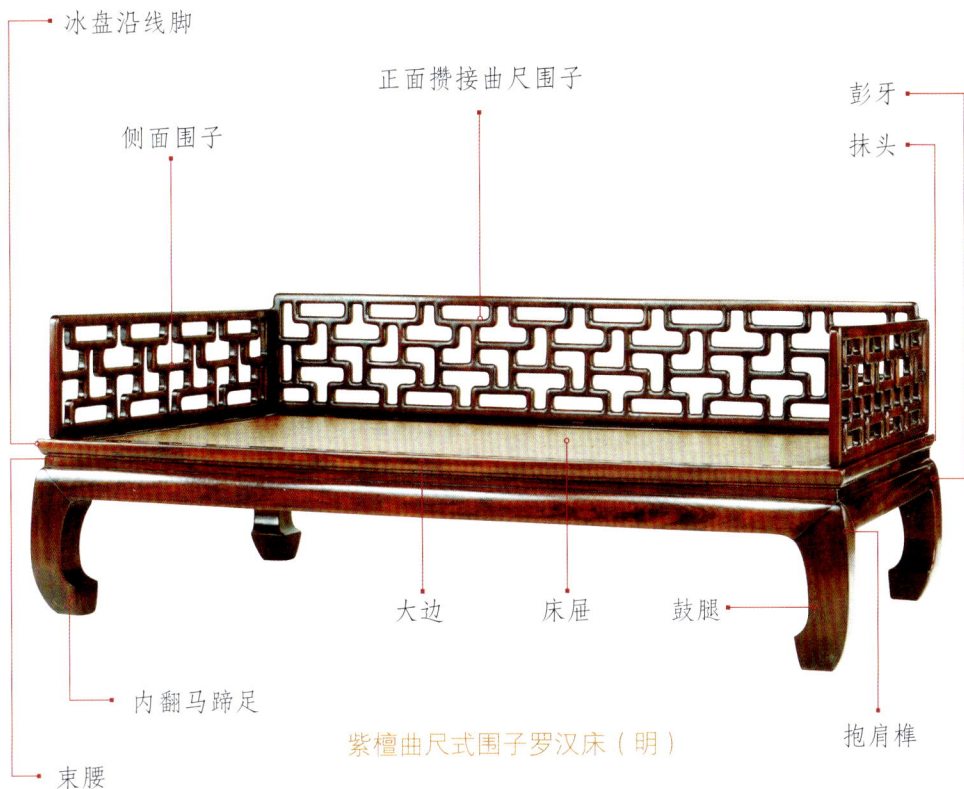

冰盘沿线脚

正面攒接曲尺围子

侧面围子

彭牙

抹头

第四章 古典家具式样
鉴赏与陈设

大边　床屉　鼓腿

内翻马蹄足

束腰

抱肩榫

紫檀曲尺式围子罗汉床（明）

鸡翅木三屏式独板围子罗汉床（明末清初）

　　床围用三块整板制成，俗称"三块玉"，无雕饰，突显出鸡翅木优美的纹理。床围四角有柔和的委角，围板上沿内低外高，形制简洁，藤制床屉，冰盘沿线脚，束腰，直腿沿边起灯草线，内翻马蹄足。

架子床

架子床出现在东晋，在明代大为流行，是有立柱、床顶的床的统称。其样式颇多，有床身上架置四柱、四竿的"四柱床"，有在四柱之外正面设两柱的"六柱床"，有的在两侧、背面设三面围栏，床顶四周装绦环板或倒挂牙子，有的在迎面设置雕饰华丽的月洞式、栏杆式、八方式等各式门罩。

床楣透雕花板　挂檐　床顶

倒挂牙子

床柱

床屉　卡子花

门围子

床边　三弯腿　牙子　束腰　床围子

黄花梨木龙纹架子床（明末清初）

明代架子床形制轻巧，床顶平整，床围和挂檐常用小木料攒接成几何棂格，设卡子花，床屉多是藤编软屉，三弯腿，内翻马蹄足，足间装饰壶门牙条，浮雕简单的纹饰。

《点石斋画报》中清代卧室陈设

明清卧室家具以架子床为主体，陈设桌案、箱柜、衣架、镜架、盆架等家具，多采用不对称陈设，没有定规。

红木嵌大理石架子床（清）

清代架子床形体宽大，比明式架子床用料粗大，雕饰繁缛。此床立柱为圆形，仿石础造型，挂檐正面透雕，上接画框，嵌大理石，正面门围子透雕花纹，镶嵌大理石，束腰，床下两侧带箱柜。

121

拔步床

拔步床从外观上看好像一间小木屋，形制庞大，在架子床的基础上增设一层或两层围廊，登床时要逐阶而上，每一层围廊均有立柱和门围。廊檐可悬挂帐子，以防蚊虫叮咬。床内宽敞，通常床前还放置小方凳、小方桌、灯盏等小件家具和器物，外廊檐中放有马桶。

拔步床出现在明代晚期，在长江流域一带流行，适应南方梅雨季节阴冷潮湿，冬天气温低屋内不保暖的气候环境。通常，富贵人家的拔步床采用上好红木制作，形制较大，雕饰精美，做工好。普通人家的拔步床多采用白木制作，形制简单，做工一般。

四足榻

四足榻屉面多为藤制，或用多根木条或竹条间隙排列，透气性好，周边不起沿，非常平整，四条腿足间多设横枨，

榉木拔步床（清）

或足下带托泥，起加固和承托作用。

明清时期，榻多陈设在正房明间，供主人休息和接待客人之用，随用随时陈设。

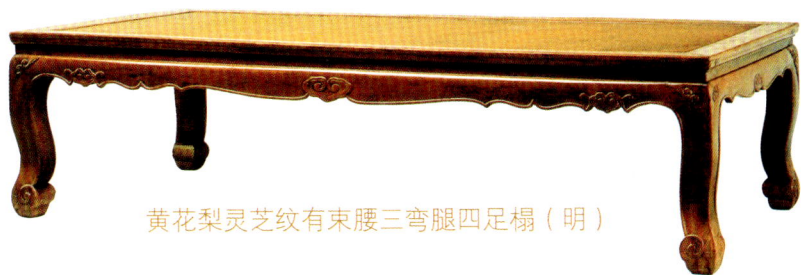

黄花梨灵芝纹有束腰三弯腿四足榻（明）

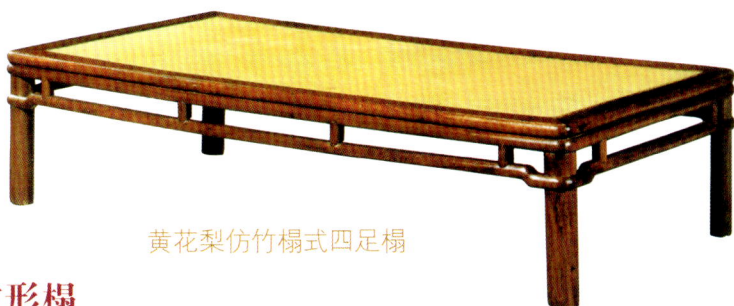

黄花梨仿竹榻式四足榻

方形榻

榻体呈长方形，足间牙条多呈壶门形券口，腿足有托泥承托，造型简洁、质朴。

鸡翅木镶楠木方形榻（明）

《槐荫消夏图》中的方形榻
佚名（宋）

榻面为攒框法制作，腿足为如意形，下有托泥承托，托泥之下，又用八只龟足承托。

美人榻

又称"贵妃榻",供妇女小憩用的榻,面较狭小,有后背,一侧或两侧带枕头,可坐可躺,制作精巧,形态优美。民国时期的美人榻带有西洋风格,仿欧洲宫廷的式样。

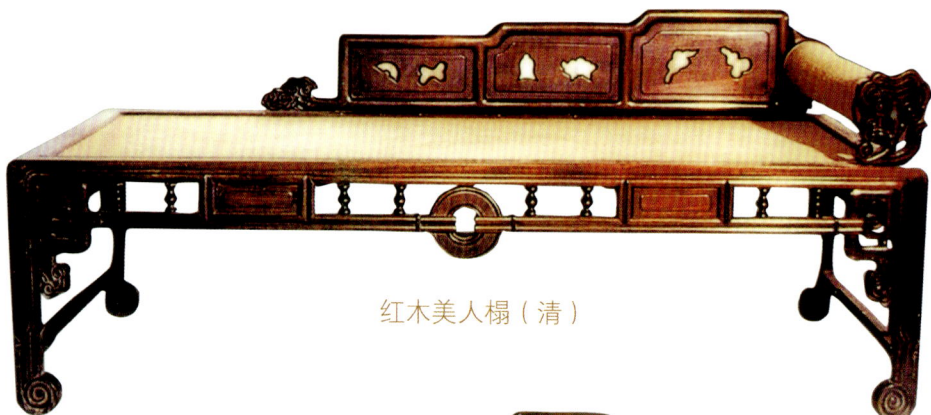

红木美人榻(清)

红木美人榻(清)

红木带枕头美人榻

椅、凳、墩、机类家具

椅、凳、墩、机类家具唐代以后才进入人们的生活之中。在此之前，席、床榻类家具是人们的主要坐具。椅子指有靠背的坐具，有扶手或无扶手。凳、墩、机都是没有靠背，没有扶手的坐具。

靠背椅

指有靠背没有扶手的椅子。靠背椅形制简单，朴素无华，式样不多，根据搭脑和靠背的不同，主要分为一统碑椅、灯挂椅、梳背椅等。通常，靠背椅和几案配合使用，可成排靠墙陈设在厅堂，或靠隔扇、栏杆罩等地方陈设。

❀ 灯挂椅

搭脑两端出挑，高高翘起，极像江南农村竹制油盏灯的提梁而得名。

红木灯挂椅（清）

黄花梨灯挂椅（清中期）

125

古典家具鉴赏与投资

❀ 一统碑椅

椅子的靠背呈长方形，很规矩，像一座碑碣。南方民间也称"单靠椅"。

花梨木一统碑椅（清晚期）

苏作红木嵌大理石屏背椅（清）

❀ 屏背椅

椅子的靠背做成屏风式，故而得名。屏背椅常见的式样有独屏背、三屏式等。

❀ 梳背椅

椅子的靠背采用圆梗均匀排列，宛若梳齿，故名。

明式红木梳背椅

扶手椅

指有靠背和扶手的椅子。扶手椅常见的式样有玫瑰椅、官帽椅、太师椅等。

❀ 玫瑰椅

指靠背和扶手都较低矮，高度相差不大，且都与椅盘垂直的一种椅子。江浙地区通称玫瑰椅为"文椅"。"玫瑰"二字的名称来源不详，待考。

玫瑰椅在明代极为流行，尺寸较小，外形轻巧美观，多用黄花梨、鸡翅木、铁力木制成，少用紫檀。常见的式样是在靠背和扶手内部装券口牙条，与牙条端口相连的横枨下又安矮老或卡子花；也有在靠背上作透雕、攒接的，式样较多，别具一格。

玫瑰椅宜靠窗台陈设，椅背不高出窗台，不致阻挡视线。玫瑰椅摆法灵活多变，多摆放在桌案的两边；或双双并列，而不用桌案；或不规则地斜对着。然而，由于玫瑰椅的椅背不高，坐者的后背正当搭脑部位，倚靠时会感到不舒适。

黄花梨直棖围子玫瑰椅（清）

黄花梨券口靠背玫瑰椅（清中期）

在靠背和扶手内，距椅盘约二寸的地方施横枨，枨下加矮老。靠背和扶手在横枨和外框形成的长方形空当中，攒成壶门式券口牙子，施以简单的浮雕拐子纹。椅座造成冰盘沿线脚，下面用罗锅枨加矮老，步步高式管脚枨。

127

明式黄花梨透雕靠背玫瑰椅

　　靠背内嵌装透雕花板，正中图案由寿字组成，两旁各雕三条螭纹，布满空间，下安卡子花与椅座相接。扶手上部嵌装雕花券口牙子，下部有横枨，用卡子花与椅座相接。椅座下安浮雕螭纹及拐子纹的券口牙子。腿足间安步步高式管脚枨。

黄花梨攒靠背玫瑰椅（清早期）

　　靠背板用两根立材作框，中间施加两道横材，分成三段。上段开光，中间浮雕双螭纹，翻卷成云纹，下段造成亮脚。扶手之下的横枨以四根矮老与椅座相连，形成侧面围栏。椅座下设素牙子。腿足间施步步高式管脚枨。

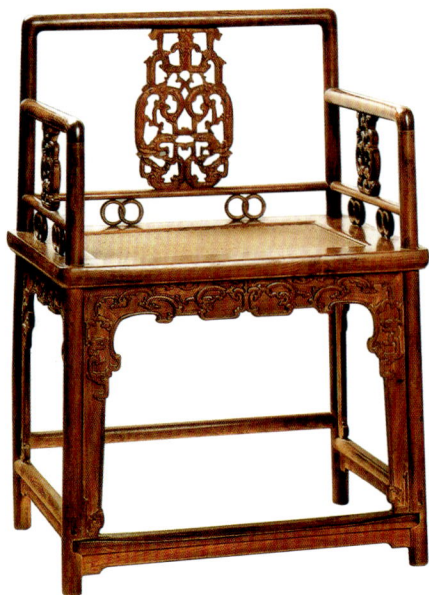

黄花梨雕花靠背玫瑰椅（明）

　　靠背和扶手中部安装透雕螭纹花板，下部施加横枨，枨下安绦环纹卡子花与椅面相接。椅座以下安装浮雕螭纹券口牙子。

✿ 官帽椅

官帽椅因外形像古代官吏所戴的官帽，故而得名。官帽椅根据搭脑和扶手是否出头，分为四出头官帽椅和南官帽椅。

四出头官帽椅：搭脑两端出头，扶手的前端也出头，所以叫"四出头"。四出头官帽椅是明式扶手椅的典型式样之一，主要在北方流行，一般与茶几配合成套，以四椅二几置于厅堂明间的两侧，作对称式摆放，用来接待宾客。

南官帽椅：搭脑的两端和扶手的前端均不出头，主要在南方流行。有一种

明式黄花梨四出头官帽椅

此椅为四出头官帽椅的基本式样，结构简练，隽永大方。搭脑和扶手都用直材制作。仅靠背板、后腿上半段和鹅脖稍微弯曲。

黄花梨四出头弯材官帽椅（明）

此椅子使用弯材，各个构件弯度大，曲线柔婉。椅座下用壸门券口牙子，正中浮雕卷草纹。靠背板浮雕朵云双螭纹。这些都与弯材优美的曲线相呼应。

六方南官帽椅，就是从南官帽椅演变而来，尺寸较大，座面呈六方形，六足，扶手前端不出挑，六条腿足之间装有管脚枨。北方称"六方椅"，南方称"六角椅"。

铁力木素矮南官帽椅（明）

此椅用圆材制作，通体光素，尺寸适中，椅座下施罗锅枨加矮老，腿足间施步步高式管脚枨。

黄花梨四出头攒靠背官帽椅（明）

靠背板分三段攒成，打槽装板，分别浮雕鹤纹、麒麟纹、龙纹。鹅脖与前腿一木连做。联帮棍镟作葫芦形，与整体风格极不协调。椅座以下正面安壸门牙子。腿足间安赶枨式管脚枨。

明式黄花梨六方南官帽椅

❀ 太师椅

靠背、扶手都与椅面接近垂直的扶手椅。太师椅造型稳重、庄严，椅面以上和椅面以下各自相对独立。束腰，腿足为方材，靠背与扶手也近乎方形。太师椅做工精细，装饰富丽，与式样、花纹同风格的方桌或茶几配合使用，倚素雅墙壁陈设。

紫檀太师椅（清中期）

紫檀雕花太师椅（清中期）

《春游晚归图》中的太师椅 佚名（宋）

宋代张端义《贵耳集》记载："今之交椅，古之胡床也。自来只有栲栳式，宰执侍从皆用之，因秦师垣在国忌所偃仰，片时坠巾，京尹吴渊奉承时相，出意选制荷叶托首四十柄，载赴国忌所，遣匠者顷刻添上。凡宰执侍从皆有之，遂号太师样。"这便是太师椅的由来。图中一侍者肩上所扛的栲栳圈交椅，椅圈上安一荷叶形托首，与上文描述的太师椅完全相同。

131

圈椅

靠背与扶手相连呈半环圈形，故而得名。椅圈圆婉优美，通过后立柱，从高到低一顺而下，成为扶手。扶手多用"三拼"（用三条弧形木，用楔钉榫连成）或"五拼"法制成，前端出头或不出头。靠背板向后凹曲，成 S 形曲线，多雕刻装饰性图案。坐靠时，臂膀倚着圈形的扶手十分舒适。圈椅造型古朴端庄，在明代曾称为"太师椅"。

圈椅适宜成对陈设在厅堂中方桌的两边，或分两列陈设夹在较大的方几中间，或作八字形陈设。

椅圈　　靠背板　　浮雕开光

后腿上截

角牙

券口牙子

步步高式管脚枨

牙条

联帮棍

鹅脖（前腿上截）

后腿下截

前腿下截

黄花梨圈椅（明）

明式紫檀束腰圈椅（清）

此椅束腰，带托泥，攒框法制成靠背板，上段开光透雕花纹，中段镶瘿木，下段为亮脚，外轮廓像倒挂的蝙蝠。靠背板与椅圈和椅座相交的地方安装四块镂空角牙。扶手和四足镂雕卷草纹，装饰手法独特别致。

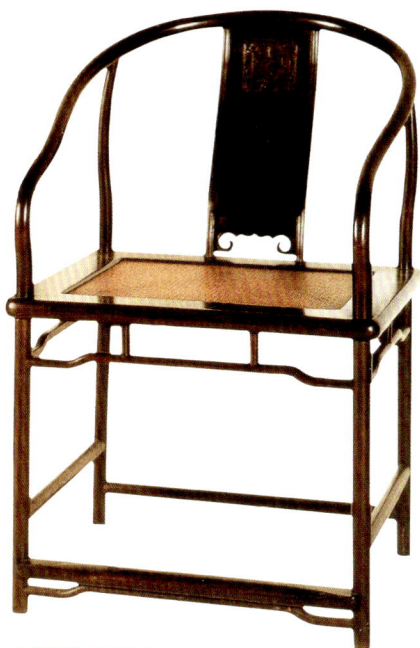

红木圈椅（清）

此椅的特点是扶手不出头而与鹅脖相接，联帮棍也省掉不用。

交椅

也叫"交床"、"绳床"，是从古代北方少数民族演变而来的折叠式椅子，便于携带。交椅的式样有圆弧形的后背和直后背之分。圆后背交椅的椅圈也叫"月牙扶手"，一般三拼或五拼榫接而成，曲线流畅，座面为软屉，椅腿呈交叉状，下带踏床。直后背交椅靠背呈长方形，没有扶手。

宋代交椅的制作就已相当完善，是高级官员上朝前休息时所用的高档家

柞榛木直后背交椅（清中期）

133

具。元明时交椅仍在流行，在元代，交椅较为盛行，是最尊贵的椅子，只有社会地位较高的人才可使用。交椅一般陈设在厅堂内，不与桌配套使用，供主人和贵宾享用，多披挂椅披和毛皮，甚是豪华。到清代中期，随着其他椅子的流行，交椅不再流行，虽仍有制作，做工精细，极尽雕饰，但仅作为一种卤簿仪仗中的器物使用。

《鲁班经》中的宅第大厅陈设之一（明）

主人坐在舒适的圆后背交椅上，坐姿随意，暗示着主人地位的尊贵。灯挂椅作为待客之用，和交椅区别明显，表示出主客之分。

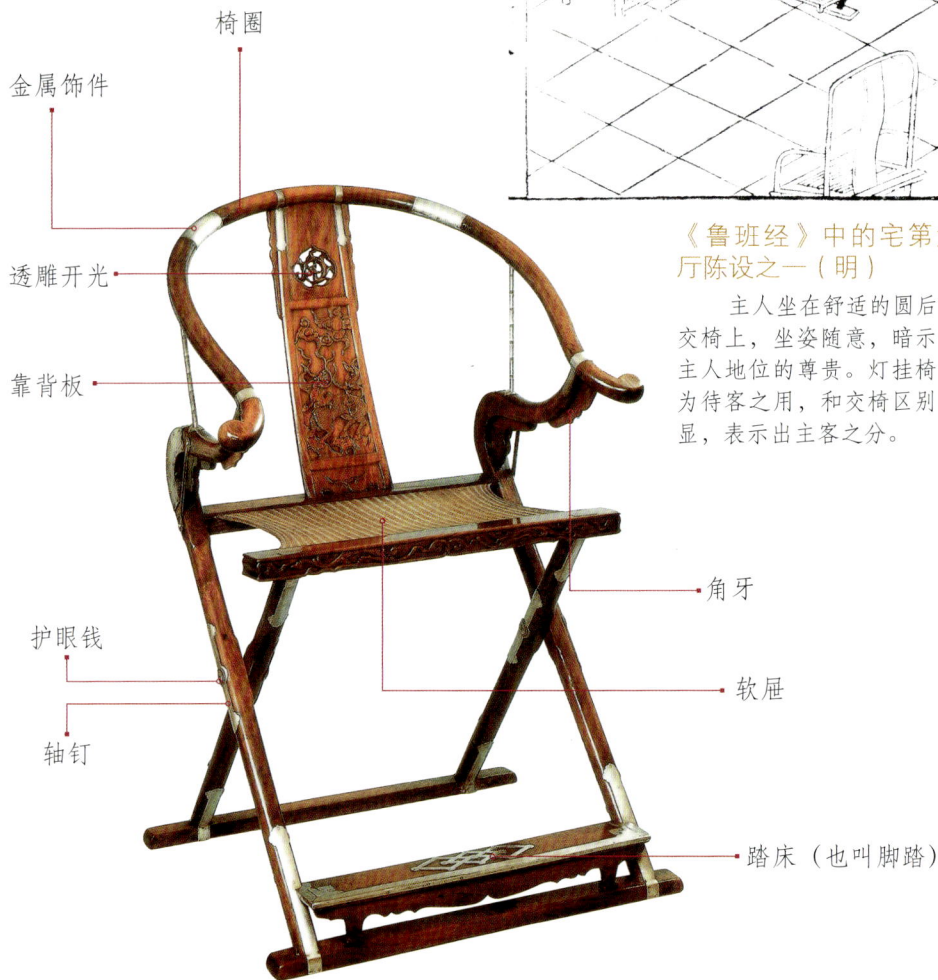

椅圈

金属饰件

透雕开光

靠背板

角牙

护眼钱

软屉

轴钉

踏床（也叫脚踏）

黄花梨圆后背交椅（清）

躺椅

躺椅是一种休闲椅，其特点是有扶手，靠背长而高，有伸出可供枕靠的托子，椅座也极长，人可以舒适地仰坐在上面。躺椅式样也较多，有的可以折叠，有的椅下有几子，可搁脚，也可抽出或推入。

黄花梨交椅式躺椅（明末清初）

红木躺椅（清）

宝座

又叫"御座"，是专供皇帝、后妃使用的坐具。宝座是明清时期最尊贵的椅子，造型庄严，工艺考究，体积大，采用多屏式靠背，装饰华丽，有雕漆、金漆，多用紫檀木制作，施以云龙纹，座面铺织锦或缂丝坐垫。

紫檀寿字纹宝座（清）

紫檀九龙纹宝座（清）

乾清宫中的金漆龙纹宝座

宝座都是单独陈设，不成对陈设，一般陈设在皇帝和后妃寝宫正殿明间最显要的位置，后面配以髹金屏风、宫扇、香筒、甪端、香几和"太平有象"等陈设，象征皇权的至高无上。

独座

是清代园林和大户人家厅堂上使用的椅子。独座借鉴了宫廷宝座的制作方法，尺寸较大，多雕刻云纹、灵芝纹等，镶嵌大理石，流行于江南地区。

榉木独座及榆木脚踏（清末民初）

此独座为民间家具，造型庄重大方，做工精细，束腰，马蹄足，背屏为五屏风式，背板为攒斗镶瘿木，前置榆木脚踏。

炕椅靠背

有椅面和靠背，没有腿足，在炕上使用的坐具。炕椅靠背为清式家具，有的靠背坡度可随意调节。

黑漆描金填香炕椅靠背（清）

此炕椅靠背为北京故宫博物院中清代雍正时期的遗物，通长153.5厘米，宽82.5厘米，座面高8.2厘米，由座面、座架两部分组成。座面左右两侧和靠背后边沿安装夔纹形围栏，高27.4厘米，由两段组成。座面通体为黑漆地，描绘金漆流云蝙蝠纹和夔龙纹等。靠背用丝绳编结而成，可以调节与座面的角度，不用时可将支架放倒，放平靠背。根据史料记载，此炕椅靠背为江南制造，进贡给皇宫的，极为珍贵。

禅椅

专供僧人盘腿坐着打禅的椅子。禅椅做工精致，比一般扶手椅尺寸大，座面宽大，座面形状有圆形、方形、长方形。《遵生八笺》："禅椅较之长椅，高大过半，惟水磨者佳，斑竹亦可，其制：惟背上枕首横木阔厚，始有受用。"

紫檀禅椅（清中期）

此椅造型简练，不尚雕饰，强调空间比例的深纵宽阔，契合禅家的静寂、空灵。禅椅存世较少，紫檀之制，实属难得。

民国椅

　　民国椅受欧式家具的影响，椅背变窄，出现超过 10° 的向后微倾斜度，使人坐上去有舒适感；腿爪变化增强，腿从明清家具的直腿变得有弧度，与椅背的曲线相协调；出现软坐垫，在座位上蒙上皮面的柔软坐垫，或在椅子上嵌入软垫（俗称活面，一面是木面，一面是皮质软面或布软面，可正反两面使用，供冬夏两季选用），将椅面与椅子分离出来。民国椅子凡出现带蹄爪的弧弯式腿，俗称"老虎腿"，其价值要比直腿的高不少。

　　民国椅子数量众多，主要有餐桌椅、转椅、摇椅、软椅、沙发等。

硬木摇椅（清末民初）

　　摇椅也叫"逍遥椅"或"安乐椅"，形制与躺椅相似，只是在足部再加两条圆弧形的摇板，人随椅的前后起伏摆动。摇椅的式样以新奇为特色，根据靠背板向后倾斜的角度不同，主要分为躺式、半躺式、坐式三种式样。

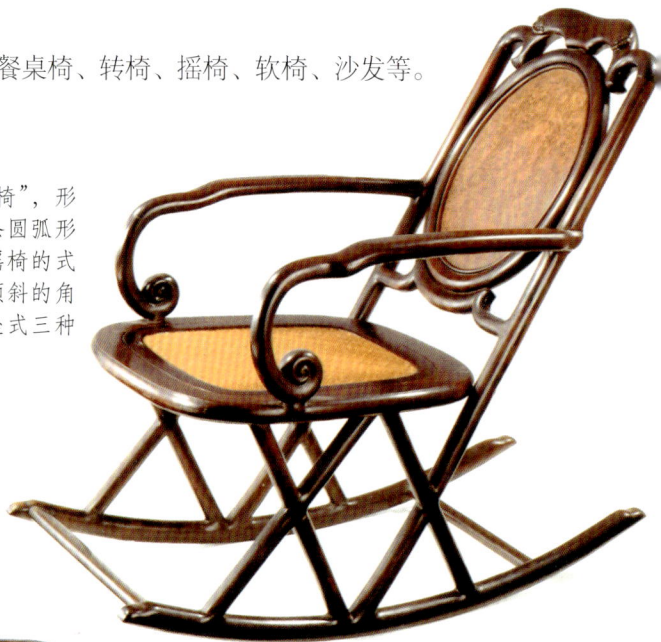

红木透雕福禄寿纹"温莎"转椅（民国）

　　转椅的座面可转动、可升降。其转动结构是靠椅座下钢制螺旋柱来实现的。民国时期，转椅形制较大，多用红木、柚木制作，扶手和靠背均雕饰精美，主要作为洋行高管人员办公的坐具，或富贵人家与梳妆台配套使用。

方凳

指凳面呈方形或长方形无靠背的坐具。通常，方凳以有无束腰来作区分。无束腰方凳基本形制为直足直枨、罗锅枨、罗锅枨加矮老、裹腿罗锅枨加矮老、直枨加卡子花、裹腿直枨加卡子花、罗锅枨加矮老管脚枨、直枨加矮老带券口管脚枨等。有束腰方凳的基本形制为马蹄足直枨、罗锅枨、罗锅枨加矮老、罗锅枨加卡子花、十字枨、管脚枨、三弯腿、霸王枨、鼓腿彭牙等。方凳的凳面有硬木心、大理石心，或丝绳藤皮编织的软心，边框和凳腿宽厚稳妥。

方凳多和方几或方桌配合使用，置于方几或方桌两旁或下方，也可陈设于室内窗户之下。单独摆放时，多分置在隔扇两旁或摆放在屋角。南方多靠墙排列。

黄花梨束腰马蹄足罗锅枨长方凳（清）

　　束腰与牙子一木连做，四足略向内兜转，罗锅枨不与腿足外皮交圈，而是退后安装。

黄花梨束腰十字枨长方凳（明）

　　此凳造型新颖，束腰与牙子一木连做，牙子透雕云纹，腿足间施以交叉的十字枨。腿子中部浮雕卷转花纹。腿子、牙子和透雕的花纹都起阳线。

黄花梨束腰大方凳（明）

　　此凳束腰，马蹄足，鼓腿彭牙，造型硕大。四条腿足间安装拐子纹镂空花牙，形似券口，厚重中不失妍秀之美。

长凳

指凳面狭长，无靠背的坐具。条凳根据凳面尺寸的大小，可分为条凳、二人凳、春凳三种形制。长凳形制窄长，适宜在人多地窄处使用，具体摆放时四条长凳多和一张方桌摆在一起。

条凳：大小长短不一致，作为日用品的条凳，尺寸小，多用柴木制成，面板寸许厚，也称"板凳"。尺寸较大，面板较厚的条凳叫"大条凳"，不仅能坐人，还可承物。尺寸长大，面板极厚的条凳叫"门凳"，固定放在大门门道两旁使用，极少移动。

二人凳：凳面比一般条凳宽，长约一米，可供二人并排坐，故名。

春凳：形制宽大，长约1.5米～2米，宽约50厘米，可供三五人并坐，也可代替小榻，用于睡卧，也可当做桌案陈置器物。清代江淮地区又叫"桯凳"。

红木夹头榫条凳（明）

面板厚重，独板，四腿侧脚明显。凤纹牙头，造型可爱，面板之下两侧面没有牙条，空敞着，虽是简易造法，但尚存古意。

黄花梨插肩榫二人凳（清）

凳面为软屉，凳的边抹起冰盘沿线脚，牙条为壸门式与腿子相连，牙头镂挖成云纹形，腿足间安两根横枨，如意足。

榉木苏式春凳（清）

圆凳

也称"圆杌"，指凳面呈圆形、梅花形、海棠形，无靠背的坐具。圆凳形制较大，多束腰，方足或圆足，有三足、四足、五足、六足和八足，以四足较为常见，三弯腿，足向外彭出，足端向里兜转，成内翻马蹄形，安装托泥，或在腿足间安罗锅枨。

圆凳形制精美，在室内占地面积极小，最宜单独摆设在小巧精致的房间里，不依不靠，四面都可观看和坐用。

红木束腰灵芝纹圆椅（清）

紫檀束腰海棠式圆凳（清）

坐墩

　　也叫"鼓墩"、"绣墩"，圆形，腹部大，上下两端均小，外形像古代的鼓，上面常铺锦披绣。坐墩是一种常见的坐具，用草、藤、木、瓷、石等材料制成。坐墩常见的形制为：座面采用攒框拼圆边，镶圆形板心（采用落腔踩鼓或落塘面的做法）。腔壁上端和下端多保留着蒙钉皮革的鼓钉纹。开光边缘、开光和上下两圈鼓钉之间均装饰弦纹。墩底和底座常一木连做，下接小龟足。

　　坐墩式样较多，主要有开光、直棂和瓜棱三种形式。

　　开光式坐墩：墩身的腔壁上有圆形、椭圆形、海棠形、梅花形等多种形状的开光，有四开光和五开光，以五开光最为常见。

　　直棂式坐墩：用长木条夹短木条相间斗合而成腔壁，形成条形孔，却无圈口。

　　瓜棱式坐墩：坐墩形似瓜果，呈瓜瓣形，外实而中空，墩身既无鼓钉也无开光。

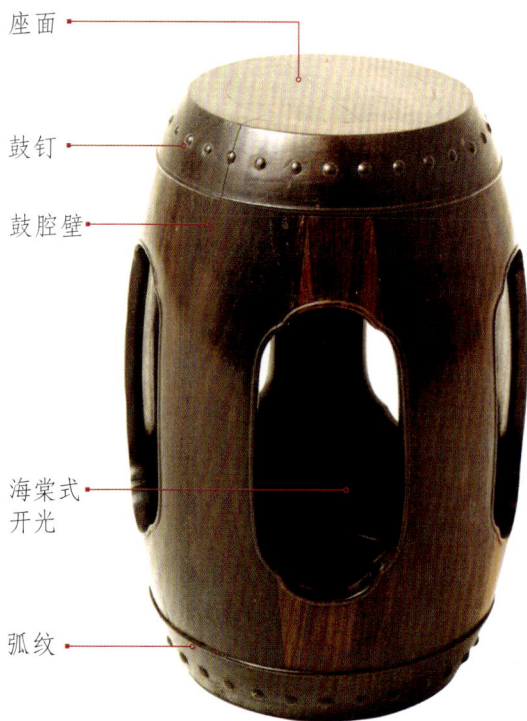

座面

鼓钉

鼓腔壁

海棠式
开光

弧纹

明式紫檀海棠式开光坐墩（清早期）

紫檀直棂式坐墩（明）

　　此墩形制细而高，用二十四根木条夹杂短材，斗合而成鼓腔壁，形成条形孔。座面及底座的边上各有一道硕大的鼓钉纹。

红木嵌螺钿五开光坐墩（清）

红木仿竹纹坐墩（清）

交机

又称"胡床"、"马扎"，指腿足相交的机凳。交机可以折叠，携带方便，以带踏床式交机和上折式交机两种式样最为常见。明式交机常见的形制为用八根直材制成，用绳索、皮革条带、丝绒等编织成软屉机面，或用两扇可以折叠、中间安有直枨的木框造成木制机面，比软屉更加坚固、耐用，还能够提拉折叠，机腿间带有踏床。做工精细的交机还施加雕刻，安装金属饰件。

黄花梨带踏床式交机（明）

交机一般用柴木制成，极少见用黄花梨制者。带踏床式交机的踏床位于正面两机腿之间，上面钉有菱形铜饰件。踏床面板装有圆轴，将踏床和交机连接起来，还可以装卸和转动。折叠时，踏床翻转，被折起来，机面的软屉向下折进机腿之间。

桌、案、几类家具

桌、案、几类家具在形制上非常相似。通常，案比桌大，桌比几大。案的面板修长，腿足缩进案面两侧安装；桌的腿足与桌面垂直，桌面有正方形、长方形、圆形、六方形、半圆形等；几形制低矮，几面狭长，下有足，一般采用三块板直角相交而成，用来放置物件或依凭。

方桌

是桌面呈正方形，腿子位于四角的桌子。方桌有大、中、小三种形制，尺寸大者叫"八仙桌"，尺寸中等者叫"六仙桌"，尺寸小者叫"四仙桌"。

方桌是家庭必备之具，样式繁多，明式方桌常见的有带束腰马蹄足，无束腰直足、一腿三牙等式样。清式方桌多雕饰华丽，制作精美。

角牙 牙子 卡子花 面心 冰盘沿线脚 罗锅枨 瓜棱线腿足

黄花梨一腿三牙罗锅枨加卡子花方桌（明）

黄花梨无束腰罗锅枨加矮老方桌（明）

红木方桌、方凳一套（清）

　　方桌多陈设在厅堂中部，配四把方凳。也可在大厅中间设一张方桌，两侧摆椅子，用来接待宾客。

古典家具的陈设

古典家具的陈设是对室内空间环境的美化，既要满足人们的生活需要，又要美观大方，适应人们的精神需求。其分为随用随置和固定陈设两种陈设方式。宋代以前，家具的陈设都是不固定的按需要陈设。宋代以后，随着家具品种增多，形成了高足家具的完整组合，家具的陈设方式改为相对固定的陈设格局，按照对称或不对称两种方式陈设。

通常，明清厅堂家具的陈设大多采用成组成套的对称布列，采用一桌二椅或一桌两凳为中心，配以屏风、碧纱橱等，再点缀文玩、书画立轴、对联、盆景等小摆件，形成典雅的装饰效果。居室家具多采取不对称布置，陈设床、榻、椅、衣架等家具。

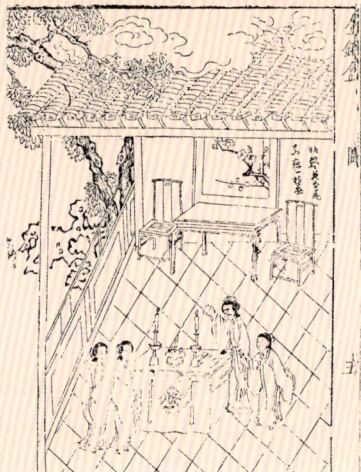

《金钿盒》插图中的宅第大厅陈设（明刊本）

明代大厅的常设性陈设为一方桌二椅，摆香烛的供桌是临时安放的摆设。

《点石斋画报》中的巡抚衙门内客厅陈设（清光绪）

条桌

桌面窄长，腿子位于四角的桌子。条桌有无束腰、有束腰、高束腰、一腿三牙、四面平等式样。无束腰条桌以直枨或罗锅枨加矮老的形式最为常见。有束腰条桌以牙条下加直枨或罗锅枨的形式最为常见。高束腰条桌多加矮老装绦环板。四面平条桌以霸王枨、直枨加卡子花的形式最为常见。

条桌是明清时期最为常用的桌子，多靠墙摆放，其上陈设物品，制作精巧，深受人们青睐。条桌的桌面加宽后，还作为读书、写字、作画之用，有的书桌在桌下面还加一层搁板。

红木束腰罗锅枨条桌（清）

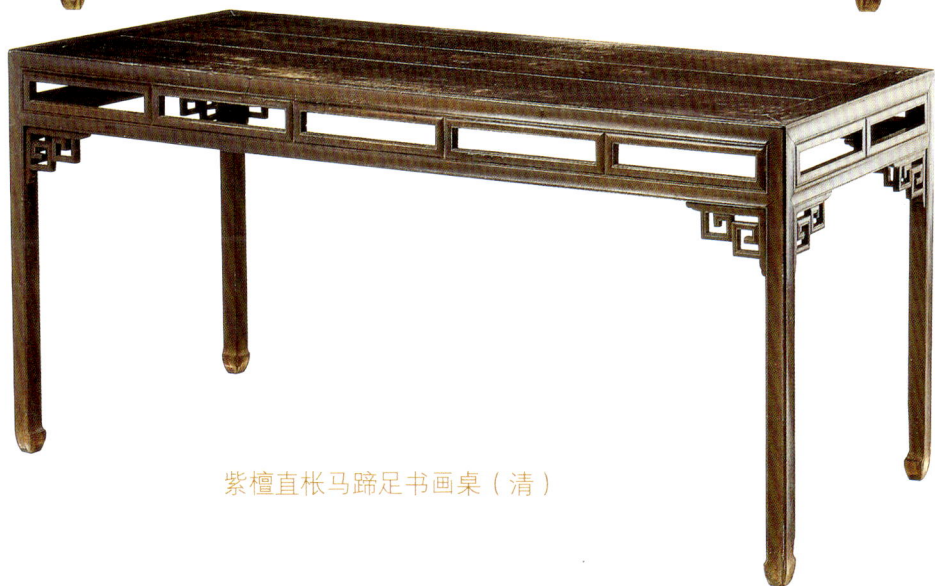

紫檀直枨马蹄足书画桌（清）

抽屉桌

指窄长而设有抽屉的桌子。抽屉桌可作为条桌使用，抽屉内可存放物品。北京匠师也将形制宽大的抽屉桌称为"书桌"。

黄花梨三屉抽屉桌（明）

此桌做工精巧，风格秀雅独特，无束腰，圆直腿，圆枨裹腿，前后两面各设三具抽屉，共六具抽屉。桌面镶瘿木板。

红木嵌大理石写字台（清）

写字台用于读书写字作画，自清代中期受西洋家具的影响开始流行，式样繁多，在形制上也属于条桌。其中有尺寸较大的写字台，采用类似架几案式的结构，做成可装配式的三件套，并备有踏脚。

圆桌

　　指桌面为圆形的桌子,常设六腿,彭牙,三弯腿。尺寸小的圆桌采用直腿,五腿式。圆桌多制成半桌式,桌面为半圆形,使用时用两张半圆桌拼成一张大圆桌,平时单独摆放。独面圆桌有圆柱式独腿和折叠式两种式样。清代中期以后,流行大圆桌行,寓意团圆,可围坐十几人至二十人。

红木嵌青花瓷圆柱式独腿圆桌（清）

红木半圆拼桌（清）

瘿木桌面圆柱式独腿圆桌（清末）

红木圆桌、圆凳一套（清）

　　圆桌常和圆凳组合摆放，陈设在厅堂正中，待客或宴饮。

六方桌

　　桌面呈正六边形，有六条桌腿的桌子。其桌式介于方桌与圆桌之间，较之圆桌的圆边更加舒适，也没有方桌的直角碍事，是一种很好的桌式。六方桌多由两张六方半桌拼成，使用时每人据一直边。

紫檀六方桌（清）

半桌

又叫"接桌"，当一张八仙桌不够用时，再接一张较窄的桌子，故名。半桌只有半张八仙桌大小，也可在人少时使用。清代《工部则例》中规定半桌的尺寸为："长二尺九寸，宽二尺，高二尺六寸。"半桌有束腰的，也有不带束腰的，常见的式样为无束腰直枨、罗锅枨，或无束腰直足直枨加矮老；有束腰马蹄足，有束腰霸王枨等。

圆桌、六方桌也有做成半桌式的，平时分别靠墙摆放，待客时抬出拼成一个大圆桌或六方桌，极为方便。

黄花梨三弯腿托泥半圆桌（明末清初）

半圆桌也叫"月牙桌"，是半圆形的桌子。其形制有束腰或无束腰两式，三足或四足，直腿、三弯腿、蚂蚱腿等，马蹄足，腿足之下设管脚枨或托泥。

黄花梨束腰展腿式半桌（明末清初）

此桌造型独特，华丽妍秀，面面生姿。束腰剜削成荷叶边一波一折状，束腰下面先一段三弯腿外翻马蹄，接着才是光素的腿子。看面牙条浮雕双凤朝阳，云朵映带。侧面牙条浮雕折枝花鸟纹。牙子之下安装龙形角牙，腿上安灵芝纹霸王枨。枨顺势先向上升，然后再探出，亮出雕饰。足呈鼓墩形。

《点石斋画报》中的圆桌（清光绪）

红木六方半桌（清）

桌面嵌大理石，高束腰，牙子下透雕花草纹，回纹马蹄足，足间加罗锅枨。

炕桌

多在炕上或床上使用的矮形桌。明清时期，北方流行依窗而设的火炕，炕桌侧端贴近炕沿居中摆放，两旁坐人。另外，厅堂、书房中的罗汉榻上通常也要居中陈设炕桌。

炕桌尺寸不大，桌面的宽度一般超过本身长度的一半，有束腰和无束腰两种形式。无束腰炕桌为直足，足间施直枨或罗锅枨。束腰炕桌为全身光素，直足，或下端略弯，内翻马蹄，还有束腰三弯腿式，束腰齐牙条式（牙条与腿子的垂直线相交），高束腰加矮老装绦环板。另外，还有折叠腿、活腿等地下炕上两用的桌。

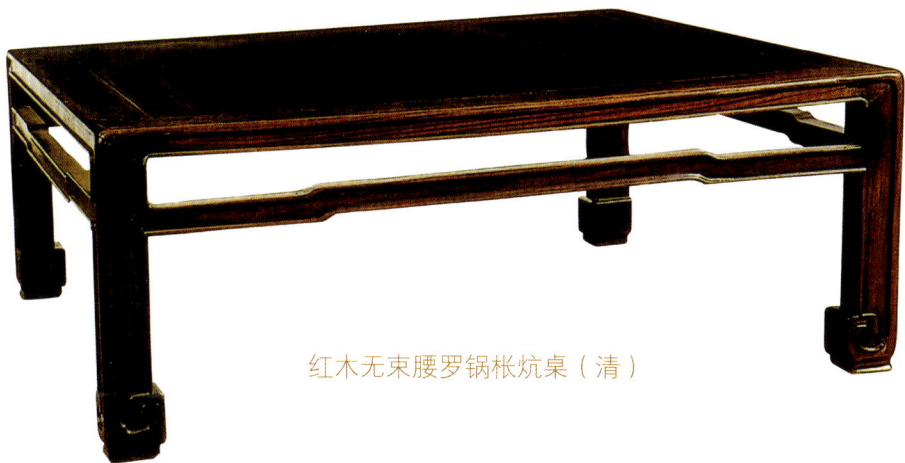

红木无束腰罗锅枨炕桌（清）

黄花梨束腰三弯腿齐牙条炕桌（明晚期）

紫檀束腰龙纹炕桌（清早期）

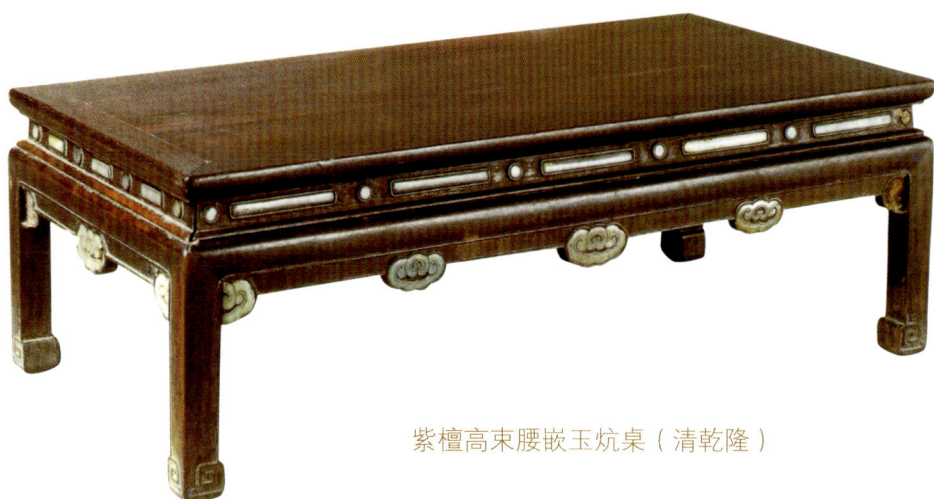

紫檀高束腰嵌玉炕桌（清乾隆）

黄花梨高束腰雕花炕桌（明）

桌面四角包云纹铜饰件，高束腰，托腮肥厚，腿足上端雕兽面纹，下截为三弯腿，足底踏圆球。雕饰繁缛却为明制，说明家具不能依雕饰的繁简来定年代的早晚。

琴桌

　　是用来放置古琴的桌子。琴桌形体不大，比一般桌略矮些，仅能容下一人，桌面窄长，四面饰有围板，下底由两层木板组成，留有出透气孔，使桌子形成共鸣箱，以增强弹琴的声色效果。

　　琴桌属于文房用具，式样力求文雅，雕饰讲究。正如明代王佐新增本《格古要论》中所说："琴桌须用维摩样，高二尺八寸（此样一有：可入漆于桌下），可容三琴，长过琴一尺许。桌面用郭公砖最佳，玛瑙石、南阳石、永石尤佳。如用木桌，须用坚木，厚一寸许则好，再三加灰漆，以黑光为妙。佐尝见郭公砖灰白色中空，面上有象眼花纹。相传云出河南郑州泥水中者绝佳。多有伪作者，要当辨之。砖长仅五尺，阔一尺有余，此砖架琴抚之，有清声，泠泠可爱。"

《听琴图》中的琴桌
赵佶（宋）

红木镶大理石下卷拉
钱琴桌（清）

红木琴桌（清中期）

此琴桌为苏式家具，大量采用攒接工艺和透雕工艺，制作华美，造型采用建筑中垂花门的形式，多陈设在园林之中，摆放观赏石。

棋桌

用来弈棋、打麻将或扑克牌的桌子。明清时期的棋桌沿用八仙桌的式样，尺寸小于八仙桌，多用老红木制成，装饰铜钱或灵芝图案，在桌的四周边各加一个小抽屉，备放各种筹码。

民国时期，城市居民的休闲方式以打牌为主，麻雀牌、花会、掷骰子、马吊、牌九等大为盛行，故牌桌得以流行。民国牌桌源于欧式家具，有洋式、海派及中国式三种式样，比传统八仙桌尺寸小，四面各设一具抽屉，用来放赌资或小杂物的，并配四把椅子。牌桌摆放在客厅中央，用来打牌，也可平时围桌饮茶、聊天。有的牌桌的桌面采用折叠结构，不打牌时将四角下折，变为八方形桌面，节省了空间，富有装饰情趣。有的牌桌还有翘起的装饰性结构。有的牌桌还带有脚踏，方便放脚。

花梨木棋桌（清）

红木仿竹节纹活面棋桌（清）

　　活面棋桌设计巧妙，活桌面可以拆卸，揭开时，露出可翻动的双面棋盘，一面为围棋棋盘，一面为象棋棋盘。不使用时，盖上桌面可作为普通方桌使用。棋桌的对角各设一个方孔，直径和深度均为 10 厘米，上有小盖，供下棋时放置棋子。

红木麻将桌凳一套（清）

供桌

又叫"祖先桌"，是年节时供奉祖先，或寺庙祠堂中陈放祭品、祭器的桌子。民间所用的供桌在式样上并无特别之处，是根据用途而定名的桌子。寺庙祠堂中所用供桌，形制高大，有金漆或雕刻装饰，置于厅堂之上，多摆在供案前面，专放祭品。

《四时佳兴》中的供桌 陈枚（清）

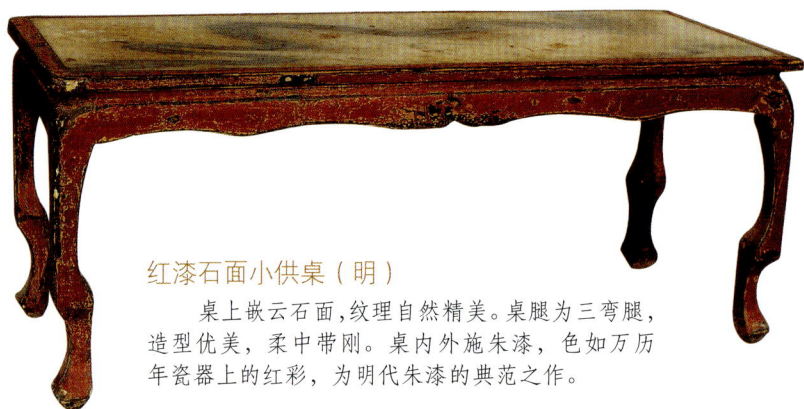

红漆石面小供桌（明）

桌上嵌云石面，纹理自然精美。桌腿为三弯腿，造型优美，柔中带刚。桌内外施朱漆，色如万历年瓷器上的红彩，为明代朱漆的典范之作。

杉木雕花供桌（清）

平头案

平头案是案面两端平直、不设翘头的案。平头案有夹头榫和插肩榫式两种形制。夹头榫平头案四足着地，或足下有管脚枨，或足下带托子，式样变化较多。其中，腿足间带管脚枨和足下带托子，多在腿足两侧安装挡板，并雕饰出各式圈口。插肩榫平头案形制简单，多四足着地，无管脚枨和托子。

古时平头案多陈设在书房中作为书案或画案，写字、作画，上面摆放书函、文具、画轴等物。

黄花梨带屉板平头案（明）

此案是苏州一家丝绸店传承有序的明代家具，被定为省级文物，保存完好。

鸡翅木漆面大画案（清中期）

明代和清代早期，书案、画案都没有固定的形制，多是因用途来命名。画案是古代书房中必备的家具，主要形式为夹头榫、插肩榫两种造法，式样变化和条案近似。此画案形制大，用老鸡翅木制成，腿部采用古代青铜器和玉器的雕刻花纹，案腿由明代剑棱腿插肩榫演变而来，极为难得。

黄花梨夹头榫折叠式大平头案（明末清初）

摆放在厅堂的铁力木平头案、玫瑰椅、方桌（清）

　　平头案也常摆放在厅堂的大师壁前，陈放古玩，上挂中堂画，前面配套摆放一张方桌和一对扶手椅。

酒桌

是一种为饮酒用膳使用的小型平头案。酒桌的桌面边缘多起一道阳线，叫"拦水线"，能够拦住倾洒的酒肴，避免弄湿衣服。酒桌的造法仍是夹头榫和插肩榫两种式样。

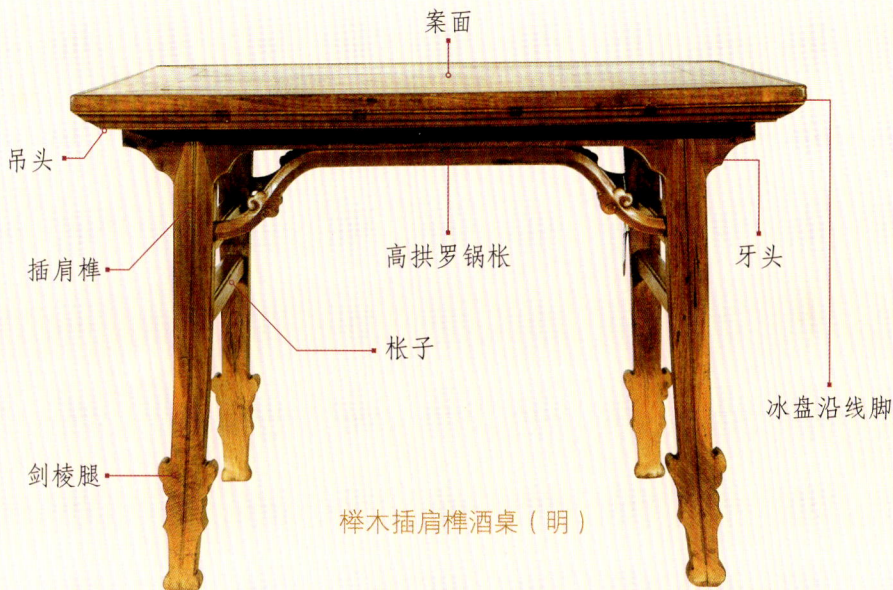

案面

吊头

插肩榫

高拱罗锅枨

牙头

帐子

剑棱腿

冰盘沿线脚

榉木插肩榫酒桌（明）

《韩熙载夜宴图》中的夹头榫酒桌 顾闳中（五代）

翘头案

　　案面两端带有翘头的案，多设在厅堂，摆放文玩清供。翘头是为使面板的端头不出现横断面而设的部件，多与案面抹头一木连做，式样较多。案面腿足间安装的挡板多用较厚的木料制作，透雕精美。案面与腿足之间采用夹头榫或插肩榫相接，以夹头榫较多。

翘头　　牙板堵头　　　　案面

侧上枨

侧下枨

牙头

夹头榫

吊头

铁力木翘头案（明末清初）

　　案面与腿足采用夹头榫结构，牙头透雕云纹，牙板和两端堵头相合，方直腿外撇，两侧腿足间安装双横枨，腿足看面起双浑面，双边线线脚。

榉木透雕凤纹翘头案（明末）

　　此案造型精巧，用料完整，翘头曲线流畅，夹头榫式，透雕凤纹牙板和挡板，线条精细流畅，足下安托子。

黄花梨雕龙纹翘头案（明）

　　此案为明代宫廷家具，制作精良，纹理美观。牙板浮雕螭龙捧寿纹，线条有力，刀法圆润流畅，十二条螭龙栩栩如生，寓意风调雨顺。腿足微向外撇，有强烈的抓地感。管脚枨以上安长方形素圈口。

供案

　　专用来摆放祭器或放置文玩清供的案子。供案造型雄浑，案面宽厚，两端带翘头或不带翘头；案身部分多为长方格，装多具抽屉或多块绦环板；底枨之下设牙子，雕刻花纹；三弯腿缩进安装；足的式样较多，常见的有外翻马蹄足、兽爪足等。

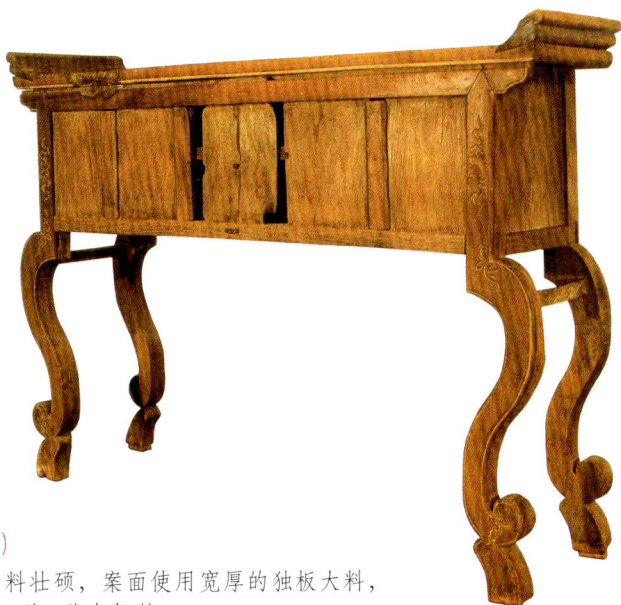

黄花梨独板供案（元）

　　此案造型高大，用料壮硕，案面使用宽厚的独板大料，方形箱体，桌腿弯曲呈S形，线条粗犷。

彩漆三弯腿供案（明早期）

　　此案造型厚重，又不失活泼，从案面至腿足共分四层，第一层设三具抽屉，装两块绦环板；第二层装六块绦环板，雕卷草纹和向日葵图案；第三层在嵌板上贴卷草雕件；第四层安装雕花角牙。三弯腿，在色彩上采用彩绘的手法，渲染强烈。

黑漆雕花供案（清初）

　　此案造型高古，曲线流畅，翘头灵巧活泼，案面之下装绦环板，用四根短柱相隔。腿中部雕瑞草飞牙，足部卷珠侧翻，加托泥。挡板用整木按足的形状镂出曲线。牙子曲线优美，中间用向日葵做分心花，清雅脱俗。

架几案

　　案面架在两件几形座上，采用拆装式结构，用时将案面架在几座上，不用时可以取下，移动和运输都非常方便。几座造型以清秀见长，主要决定着架几案式样的变化。明式架几案形制窄长，多光素无纹。还有一种矮形的架几案，高二尺多，摆放在炕上使用。

　　架几案在清代较为流行，多浮雕花纹，形制大者与长案相仿，陈设古玩、器物，小者可当作书画案。

红木架几案（清晚期）

铁梨木架几案（清）

炕案

　　放在炕上使用的小型案。炕案腿足短，可供坐时凭扶，也可靠墙摆放，放置物件。

　　带抽屉的炕案，多出现在清代中晚期，其中，形制较大者，多出现在明代晚期。民间使用的带抽屉炕案，形制淳朴，多用白木制成，造型接近闷户橱，有设两具抽屉的，也有设三具抽屉的，抽屉下常设闷仓。

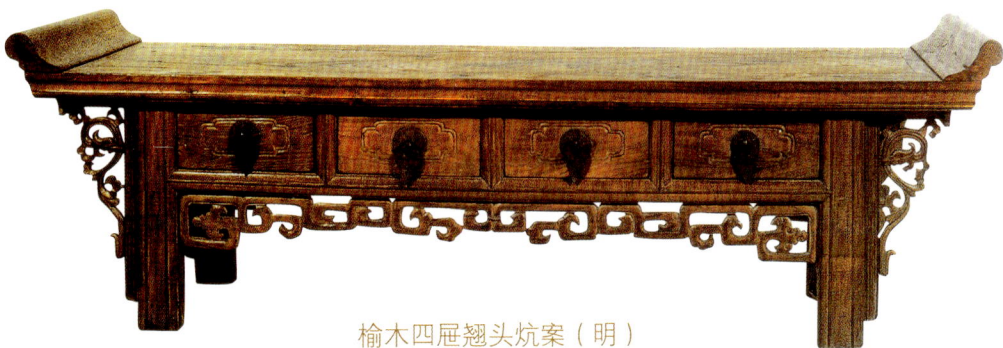

榆木四屉翘头炕案（明）

黄花梨蛇纹石几面撇腿小案（明末清初）

　　腿足向外撇出，线条优美，造型稳定。牙头锼挖成云头形，挡板部分云头向上翻卷。案面嵌蛇纹石，这些都为此案增色不少。

花几

　　用来摆放花卉或盆景的高型几架。花几用料讲究，多用紫檀、花梨木等红木制作，几面有多边形、方形、梅花形、圆形等形状，形制有高有低，崇尚高雅舒展，细高型花几流行于清代中期以后。一些超高型花几，高达 100 厘米以上，有的甚至达 170 厘米。

　　花几的装饰多种多样，常见的有烫蜡、髹漆、雕刻、镶嵌，尤其是嵌骨、珠、玉石、木、瓷，显得更为豪华。清代官宦人家多在厅堂各角或正间条案两侧陈设花几，专放花卉盆景，为居室增添绿色和生机。

紫檀雕云龙纹方形花几（清中期）

红木高足方形几（清晚期）

花梨木五足圆形几（清晚期）

香几

　　香几是摆放香炉，兼放法器、古玩的几。明代时，富贵人家多在厅堂、书房、卧室陈设香几，烧香敬神，焚香熏屋子，香几大为流行。香几的几面有方形、长方形、圆形、海棠形等样式，以圆形居多，有三足、五足等式样，腿足弯曲较大。

　　圆形香几适宜居中摆放在室内或室外，四无依傍，面面都宜观看，以体圆、柔婉多姿者为佳。

束腰

插肩榫

边框

牙子

蜻蜓腿

卷珠足

托泥

龟足

核桃木雕花香几（清）

　　此几雕工精美，富有张力，五足，几面呈梅花状，两层攒心，中间为独板雕花。束腰起线开光，牙板开光，浮雕卷草花卉纹。双劈料腿外鼓内翻，书卷足踏椭圆珠，下带圆形托泥。

黄花梨五足圆香几（明末清初）

古典家具鉴赏与投资

茶几

　　专用来摆放茶具的几。明清时期的茶几多用红木制成,以方形和长方形较为多见,直腿居多,高度大体与椅子的扶手相当,与椅子成堂配套;夹在两把椅子中间,摆设在大厅之上。民国时期的茶几做工精致,多配合西洋式扶手椅、沙发而设,式样多样,带有西洋风格。

红木雕花嵌大理石茶几（清）

红木西洋式茶几（民国）

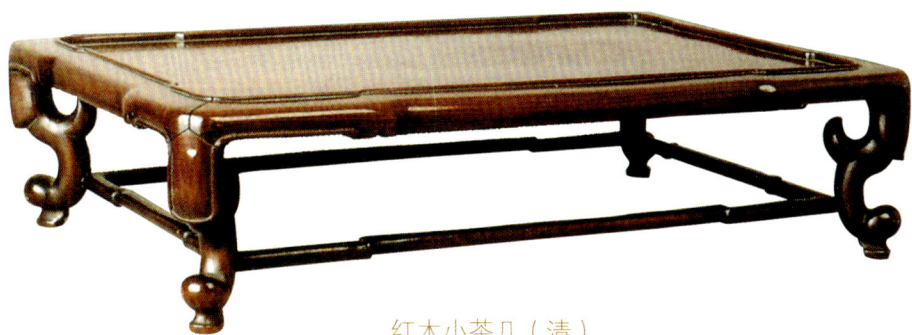

红木小茶几（清）

炕几

　　放在床榻或炕上使用的矮形几。炕几由三块板相交构成，或腿足位于面板四角，比炕桌窄，通常顺着墙壁置放在炕的两头，上面摆陈设用品。北方普通人家常将被子叠好后置于其上。

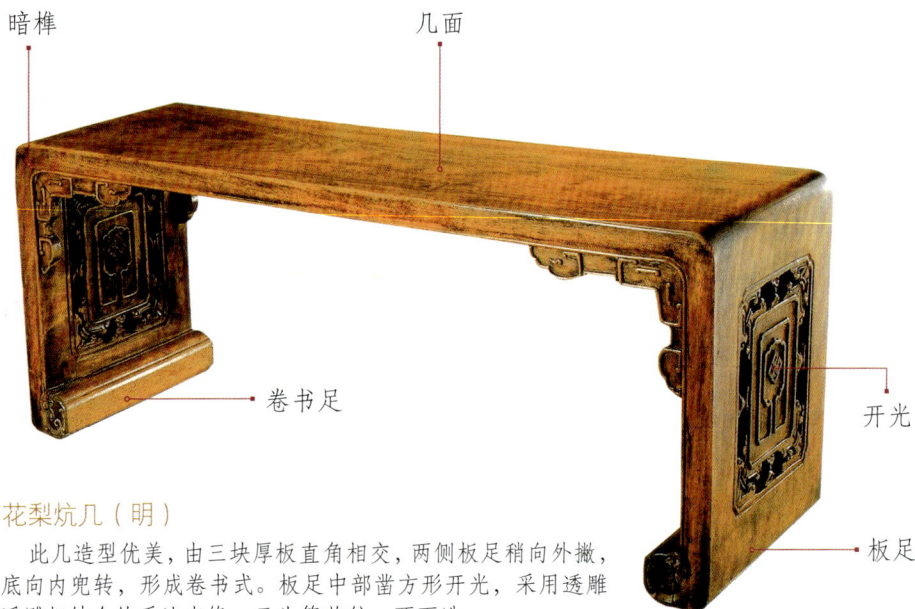

暗榫

几面

卷书足

开光

板足

黄花梨炕几（明）

　　此几造型优美，由三块厚板直角相交，两侧板足稍向外撇，足底向内兜转，形成卷书式。板足中部凿方形开光，采用透雕和浮雕相结合的手法束绦、云头等花纹，两面造。

紫檀炕几（清）

　　腿子位于四角的炕几，为条桌式炕几，有束腰和无束腰之分。此炕几有束腰，几足间安横枨和短柱，式样简洁。

套几

由几件式样相同的几组成，能够套叠在一起存放。套几多采用一套三件几或一套四件几式，尺寸逐个减小，除了最小的一件几用四根管脚枨外，其余的几用三根管脚枨，小几依次选套在较大的一件几的腿肚内，故名。套几可分可合，使用灵活方便，是清代有特色的家具，深受人们喜爱。

红木套几（民国）

柜、橱、架格类家具

柜和架格都是用来存放物品的大型家具，在形制上有较大的差别。常见的柜有圆角柜、方角柜、亮格柜以及民国时期的挂衣柜，其中，圆角柜和方角柜是按柜顶转角的圆、方来命名的。架格根据用途的不同，主要有书格和多宝格之分。橱是桌案与柜的结合体，既能摆放物件，又能存放物品。橱有案形和桌形两种，根据有无闷仓可分为闷户橱和柜橱。

圆角柜

　　是典型的明式柜，柜顶有一圈向前面和两侧面探出的柜帽，转角成圆弧形，柜身上小下大，收分明显，采用门轴结构，门扇和腿足不安合页。

　　圆角柜的门扇之间可设门杆，也可不设门杆。无门杆的称为"硬挤门"。有的圆角柜在门扇以下、底枨以上设柜膛，用来增加柜的容量。也有的圆角柜不设柜膛，在底枨之下安装牙子。柜门装板有安装通长的薄板，也有分段装成，根据抹头的根数来命名。如用五根抹头将柜门分成四段，就叫"五抹门"。

《蚕织图》中的圆角柜　程璨（南宋）

　　此柜为大型圆角柜，柜顶为梯形，柜门两面开阖门，用隔板将柜内隔成两层，柜下有四个矮足，底枨与矮足之间饰以牙条和角牙。

柜帽

闩杆

柜门

面条

转柱和白窝

柜帮

腿足

底枨

牙头

牙条

黄花梨圆角柜（明）

花梨木圆角炕柜（明末清初）

炕柜是高二三尺的小圆角柜，放在炕上使用的矮柜。南方可以放在拔步床的前廊上使用。此柜有闩杆，无柜膛，柜帽顶部装板平镶，可以摆放日用品或陈设品。

黄花梨圆角柜（明）

方角柜

是一种明式柜，柜顶没有柜帽，四角见方、上下同大。腿足垂直，无侧脚，柜门有硬挤门和闩杆两种形式。

方角柜的顶部无顶箱的，古称"一封书式"，外形像有函套的线装书。在方角柜上再加一个顶箱，叫"顶箱立柜"。成对摆放的顶箱立柜，由于顶箱和立柜各两件，故又叫"四件柜"。四件柜形制有大有小，没有固定的规格，大的高达三四米，陈设在高堂之内；小的多放在炕上使用。

顶箱

柜帮

腿足

底枨

面页

合页

柜门

闩杆

柜膛

牙条

黄花梨顶箱柜（明）

黄花梨方角柜（明）

此柜造型简洁，为四面平的"一封书式"，有中柱，柜内设两具抽屉。柜门以四面平造法制成，平整简洁。底枨之下设顶牙罗锅枨，内翻马蹄足。

黄花梨方角两屉柜一对（明）

药柜

　　药柜是用来装中药的柜子，抽屉多，因中草药的种类较多，所以全是小抽屉。柜门为两扇或四扇，也有不设柜门的，柜体是一排排抽屉。药柜一般在药铺使用，民间富裕的人家也使用小型药柜备存一些药材或药丸。

黑漆描金龙纹方角药柜（明）

　　药柜在木胎上髹黑漆描金，绘龙纹及花卉纹。门正面及柜两侧面饰描金开光，内描金升降双龙戏珠纹，门内及柜背面绘松、竹、梅、蝶、茶花纹。每个抽屉脸上都绘有泥金标签，还残留墨笔药品名的字迹。柜背面有泥金填刻楷书"大明万历年制"款。

黑漆描金龙纹方角药柜展开图（明）

　　药柜为"一封书"式，两开门，有闩杆，柜门中部植转轴，安装八方80具旋转式抽屉，内两侧各有10具长抽屉，每屉分3格，共有103具抽屉，可盛药140种。柜膛做成3个大抽屉。柜门安装球状铜合页。

亮格柜

　　指亮格和柜子结合在一起的柜子。亮格柜常见的形式是亮格在上，柜子在下。亮格是架格之上开敞无门的部分，置放器物，便于观赏。亮格柜式样较多，亮格有一层的，也有双层的，一层的多见；或全敞，或安装后背；或三面安券口，或在正面安券口加小栏杆，两侧安圈口；设抽屉，或不设抽屉；抽屉或设在柜门的里面，或安装在亮格的下面，柜门的上面。

　　亮格柜还有一种式样：上为亮格，中为柜子，下为矮几。北京匠师称之为"万历柜"、"万历格"。至于为何叫此名，至今尚无定论。

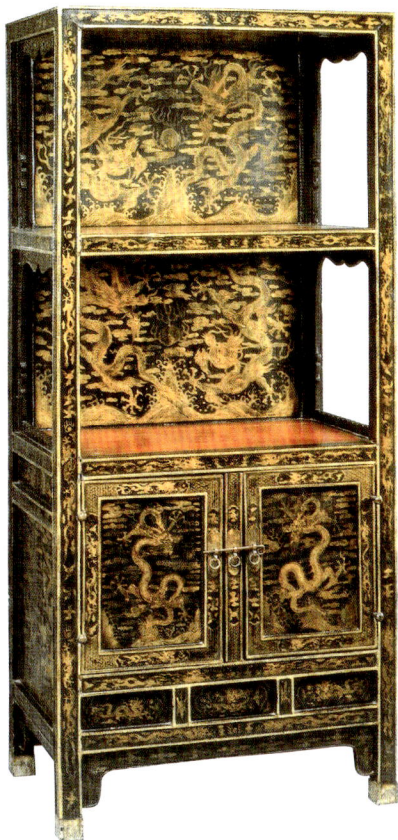

黑漆描金龙纹亮格柜（明晚期）

　　此柜后背装板，亮格两侧面设壸门券口，通体黑漆描金龙纹显得富丽豪华。双层亮格，柜子低矮，容物不多，柜子之下还设柜膛，使用起来不如单层亮格柜实用。

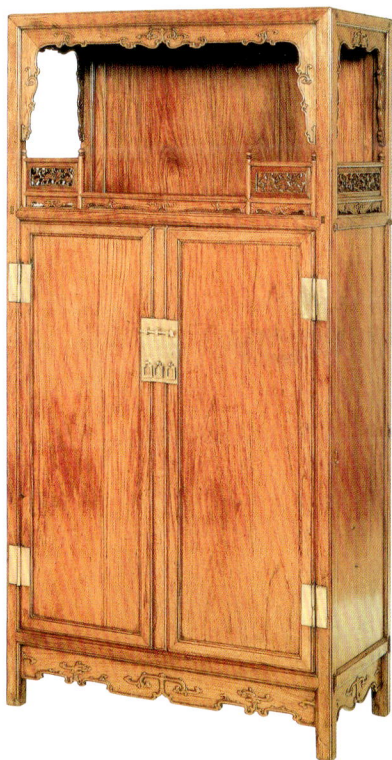

黄花梨亮格柜（清）

　　上层亮格后背装板，三面壸门式券口牙子，浮雕卷螭纹，落在带望柱的栏杆上。栏杆下有亮脚，透雕精美。正面两端安两段栏杆，中间开敞，造型新颖，极像架子床上的门围子。柜门板采用落塘面造法制成，面心板装在边抹槽口中，四周减薄，中部凸起。底枨之下设卷螭纹牙子，与亮格的雕饰相呼应，独具匠心。

挂衣柜

挂衣柜出现在民国时期，由西洋家具中的挂衣柜、壁橱演变而来。民国初期，政府推广中山装、旗袍等新式服装，流行西服等洋服。这些服装都是长款，需要挂放，不宜叠放，这些因素促使了挂衣柜的出现。

挂衣柜由花帽、柜身、底座三部分组成，高约2米，进深50厘米～60厘米，柜门有单门、双门、三门、四门之分，柜内设有一个通高的空间，以便悬挂衣服。通常，柜门上的雕刻装饰图案，多借用欧式纹样，有的则沿用清代民间家具的图案。有的柜门上安装镀水银厚玻璃镜，起穿衣镜的功能。

巴洛克式挂衣柜（民国）

此柜带有欧式家具巴洛克式风格，采用薄木拼嵌工艺制成，雕刻西洋花纹，两扇柜门像建筑物的房门，柜门里设两面镜子，腿足采用卷草式。

闷户橱

因抽屉下设有闷仓而得名。闷仓是设在橱下用来存放物品的封闭空间，没有门，从外面无法取物，取存物品要拿下抽屉。采用案式或桌式结构，以抽屉数的多少来命名。有两个抽屉的叫"联二橱"，有三个抽屉的，叫"联三橱"。

黄花梨联三闷户橱（明）

此闷户橱造型简练，线条流畅，挂牙部分透雕，腿足间牙子的分心花，雕刻简洁，非常别致，是一件典型的明式联三闷户橱。

闷户橱是明代民间流行的家具之一，摆在室内，用来存放细软之物。据说，闷户橱在民间又叫"嫁底"，是民间嫁女必备的嫁妆之一，送亲时，用红头绳将嫁妆系扎在闷户橱上，抬送到男方家去。

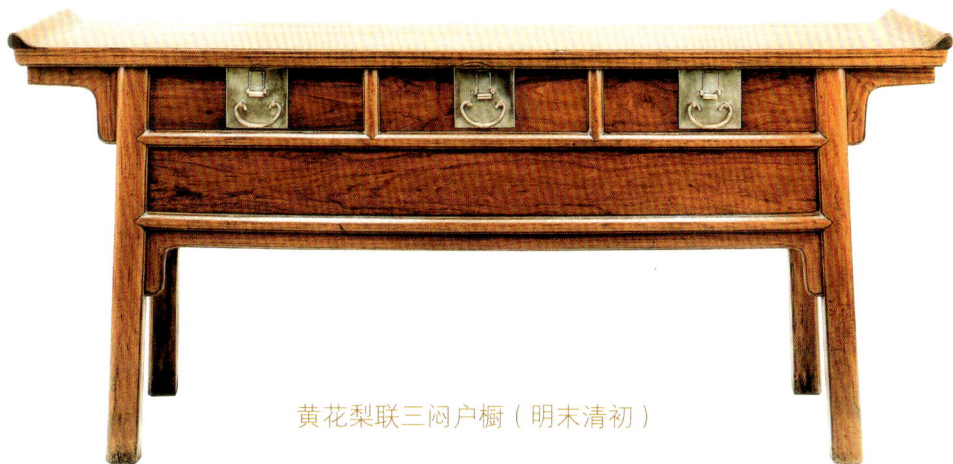

黄花梨联三闷户橱（明末清初）

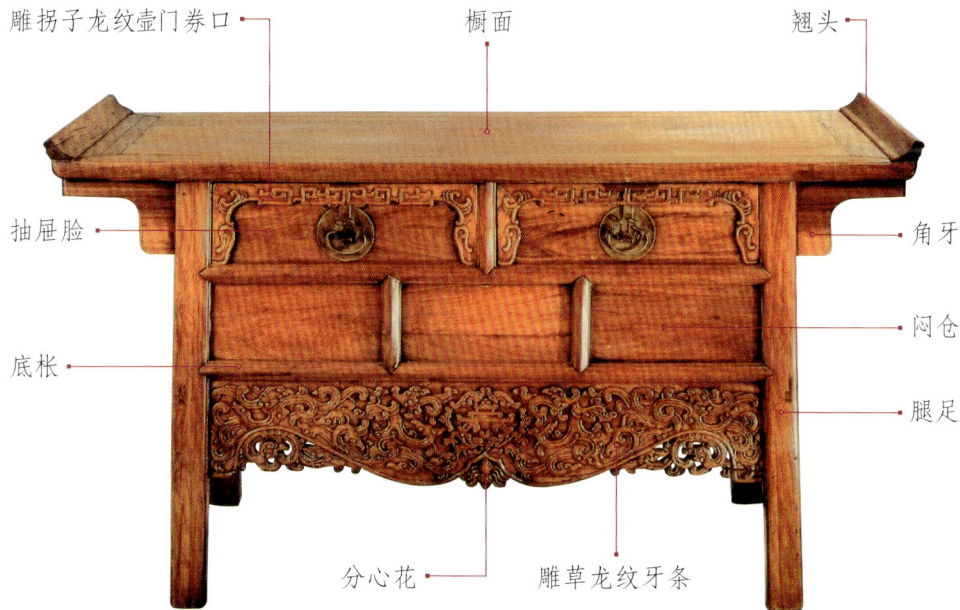

雕拐子龙纹壶门券口　　橱面　　翘头

抽屉脸　　角牙

底枨　　闷仓

腿足

分心花　　雕草龙纹牙条

黄花梨雕草龙纹联二闷户橱（清早期）

柜橱

　　是与闷户橱形制相似的一种安装抽屉的橱。柜橱形体较长，橱面两端带翘头或不带翘头，不设闷仓，按抽屉数称"联二柜橱"、"联三柜橱"，抽屉之下安装柜门。柜橱在清代中晚期较为流行，具有橱、柜、桌案的功能，深受人们喜爱。

黄花梨联二柜橱（明）

黄花梨联三柜橱（清）

书格

又称"书架"，是用于存放书籍的架格。其造型高大，不设门，四足，多层膛板将空间分割成若干格层，每格安装券口牙子或圈口牙子，或安装栏杆、透榥，后背装板或不装板。明代文震亨称："书格有大小二式，大者高七尺余，阔倍之。上设十二格，每格仅可容书十册，以便检取。下格不可置书，以近地卑湿故也。足口当稍高。小者可置几上，二格，平头。方木竹架及朱墨漆者俱不堪用。"这种书格形制简易，用来摆放经常翻阅的书籍。

《锦笺记》插图（明继志斋刊本）

书格是明代宅第书斋内的陈设之一，高大的书格作为室内空间的隔断，一般靠墙陈设，布满全间，上面摆满书籍，简朴高雅。书格前一般设书桌或大画案，旁边陈设扶手椅或玫瑰椅，方便取阅。

"气死猫"

是厨房用来存放食物的架格，因架格后面安装背板，两个侧面和门安装透榥，或四面均安装透榥，故名。

明式紫檀棂格书格

181

抽屉、架的边缘多雕饰繁缛的花纹和各种形状的开光，有些花纹还带有明显的西洋风格，艺术性强。多宝格在清代雍正年间极为流行，多见于宫廷或官府之中，民间大户人家也多作为陈设之用。清代后期，多宝格上开始安装玻璃和洋式锁，改称为"陈设柜"。

黄花梨品字栏杆书格（明）

每层架格的两个侧面和后背安装横竖材攒接而成的品字栏杆，最上面两道横材之间加双套环卡子花。上层隔板之下安两具抽屉，抽屉脸上不设吊牌和铜拉手，浮雕螭纹，装饰性强。底层横枨之下安装宽厚的壶门牙子，均衡稳重，起加固四足的作用。

多宝格

又称"博古格"、"什锦格"，是清代出现的一种架格类家具，专用来陈设文玩器物。其特点是用层板将柜体的空间分割成大小不同、高低错落的多层小格。多宝格造型玲珑，制作精美，隔板、

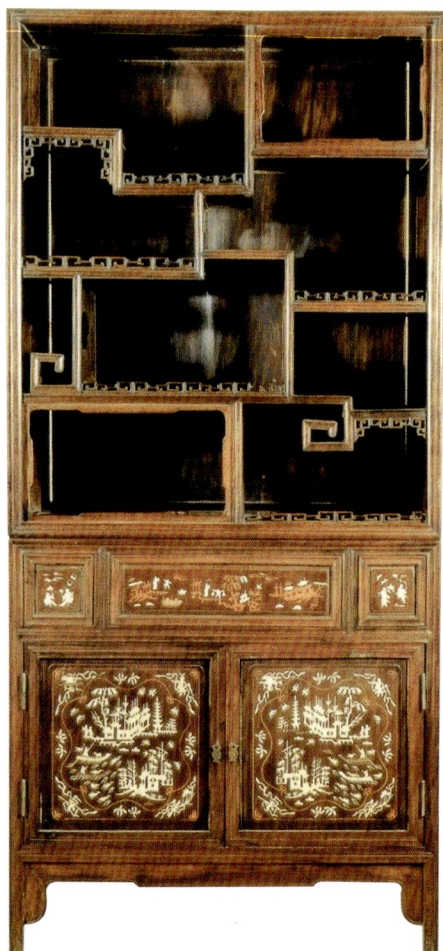

红木镶骨多宝格（清）

陈设柜

　　晚清时受西式家具的影响而出现的装有玻璃柜门，用来陈设物品的柜子。陈设柜由顶帽（又叫"雕花帽"、"花帽"）、柜身、底座三部分组成，迎面和侧面安装玻璃门，显现出柜内的陈设物，下部是带门的小柜子，设有底座，也有的采用与多宝格相似的隔板形式，上部不装玻璃门。前脸有平型、异型等多种形式，异型的或呈弧形，或呈斜形，形状各异，风格豪华。陈设柜多摆放在客厅，在玻璃通透晶莹的装饰下，很有气派。

《雍亲王题书堂深居图屏·之十》中的多宝格 佚名（清）

　　多宝格多摆放在书房内，也可作为隔断物，陈设在厅堂内，既巧妙地利用了空间，又极富装饰性。图中的多宝格摆放瓷器、玉器、青铜器等珍奇古玩，琳琅满目。

紫檀描金多宝格一对（清）

箱、盒类家具

　　箱、匣类家具是用来存放物品，便于移动的储物器具。箱的种类较多，常见的有衣箱、镜箱、官皮箱、药箱、枕箱、冰箱、印箱等。盒以提盒和宝盒最为常见。

衣箱

　　专用来存放衣服的箱子。其形制为长方形，上开盖，中部有套斗，下设底座，多用防虫效果颇佳的樟木制成。有种大号的衣箱，又叫"躺箱"，专用于储放贵重的大件衣物，长约 2 米，高和宽都近 1 米，箱盖为上刀盖或半刀式的马蹄盖，箱内安格屉，可分层储放衣物，箱身两侧设粗大的提环，底座之下可设木轮，便于推动。

红木衣箱（清）

樟木衣箱（清）

镜箱

又称"梳妆箱"、"镜匣"、"镜奁"，用来装梳妆用具的小箱子。镜箱多用贵重木材制成，上方开盖，盖下有约10厘米深的空槽，用来放铜镜及支放铜镜的架子。空槽之下设两三排小抽屉，前脸设对开门，箱盖扣合后，铜镜折进箱中，前脸的对开门便会扣紧，打不开了。下设底座。箱体两侧设提环，方便提携，箱身多髹漆精美的吉祥图案。

红木镜箱（清）

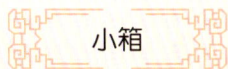

小箱

用来存放册页、细软和北方民间妇女妆饰用的绒绢花的长方形小箱子。小箱是一种明式箱，体积小巧，多用紫檀、黄花梨等珍贵木材制作，造型简洁大方。

黄花梨小箱（明）

官皮箱

　　是居家或外出旅行时贮物的小箱子。官皮箱由镜箱演变而来，体积较小。有平顶式和盝顶式两种形制，上有开盖，前脸对开门或插门式，设面页、拍子和吊牌，门内设小抽屉，下设底座，做工精美。官皮箱多用来装梳妆用具和文具，根据用途的不同，而有各种不同的名称。

《琉璃堂人物图》中的官皮箱　周文矩（五代）

黄花梨官皮箱（明）

雕漆添彩小柜（明）

黄花梨官皮箱（明）

药箱

用来装药品的小箱子，体积小，方便外出携带。药箱形制多样，有的在药箱的两侧安装铜拉手，像方角柜；有的在箱体上安提手，像提盒，然而均在前面开活门，加锁把门固定起来。箱内设十几个大小不同的小抽屉，可存放不同的药品。

黄花梨药箱（明）

此药箱体形大，为药箱中的精品，活插门，内设 17 具抽屉，其中 4 具抽屉材质为铁力木，其余均为黄花梨木制作。

枕箱

一种随身携带，可当枕头使用的小箱子。箱体狭长，盖面用厚板做出中部内凹的曲线形，正面有拍子，可上锁。箱体两侧有金属提环，内部可放财物，一物两用。

黄花梨枕箱（清）

冰箱

古代的冰箱用木材制成箱体，内部为锡质，存放窖藏的天然冰块来制冷。冰箱出现在清代，为长方形，上大下小，呈斗形，箱盖上透雕两个古钱纹，对开，箱体外有铜箍，箱身两侧设双提环，箱下设底座，三弯腿，或直腿内翻马蹄足，腿足之下也可设托泥。

花梨木冰箱（清）

印箱

是存放印玺的方形小木箱。其形制有曲线形盝顶箱式和罩盖式两种，有箱座，箱体多装饰精美，四角多安铜包角，有的在正面装如意云头拍子，两侧安牛鼻提环把手。印箱呈盝顶箱式，指箱盖制成盝顶式；罩盖式印箱的箱盖能将箱座完全罩住。

紫檀雕云纹官印箱（清）

黄花梨四撞提盒（明末清初）

提盒

指带提梁的多层长方形箱盒，便于出行提着行走。提盒有大、中、小三种规格，大、中型提盒多用轻质木材制成。大型提盒需两人穿杠抬行，中型提盒一人可挑两件，《鲁班经匠家镜》中定名"大方杠箱"和"食格"两式，就属于提盒。小型提盒用紫檀、黄花梨等贵重木材制成，讲究的还有雕漆或百宝嵌装饰，但已不用作盛食物，而是作为贮藏玉石印章、小件文玩之具，只需一手提挈即可。

《聊斋志异·霍女》中的提盒　蒲松龄（清）

古人郊游时携带馔肴酒食或馈送食品，商店送货上门，文人盛放文具赶考等都用提盒。

紫檀两撞提盒（清）

　　盒用长方框造成底座，两侧端竖立柱，有站牙抵夹，上安横梁，构件相交处嵌铜页包角，起加固作用。盒两撞，连同盒盖共三层。下层盒底落在底座槽内。每层边沿起灯草线，加厚子口。盒盖两侧立墙正中打眼，和此眼相对的立柱上也打眼，并用铜条贯穿，使盒盖固定在两根立柱之间。铜条一端有孔，可以加锁。

柞榛木黄花梨提盒（清）

　　盒盖上饰以柞榛木嵌成的斜体万字纹，提梁采用产于江苏北部的柞榛木为原料制成，盒体用黄花梨制成。

宝盒

　　指用来装珍贵物品的小木盒。宝盒用材精细，做工精致，没有固定的形制，可根据所装物品尺寸的大小来制作，集使用性和艺术观赏性于一体。

黄花梨嵌螺钿宝盒（清）

紫檀嵌宝石"瑞果图"宝盒（清）

屏风类家具

屏风是古代用于室内挡风、障眼、遮蔽的家具，有分隔室内空间、装饰等诸多实际用途。屏风起源于西周，至宋元时期已发展成熟，成为大厅内一种必备的陈设家具。到明清时期，屏风的种类更是丰富多彩。屏风种类繁多，主要有插屏、折屏、挂屏等。

插屏

插屏多为独扇，因屏心插放在屏座上而得名。屏心装饰吉语文字、镶嵌、雕刻、书画等，观赏性很强。屏座多雕刻花饰，式样较多，主要依用途而定。摆放在迎门处的插屏，形制高大，既作为陈设，也作为隔断之用。

插屏也有多扇式，以三扇或五扇为常式，多为单数，又称"三屏式"、"五屏式"，常摆放在宫廷殿阁、官署厅堂的正中，前面配以宝座、香几、宫扇、仙鹤、烛台等，是清代宫廷中正殿明间的一种特定的陈设形式。其中，三扇插屏中间高，两端低，像"山"字，故又称"山字式"。

黄花梨仕女观宝图插屏（明）

此屏风为一对，体形较大，屏座及边框用材粗硕，然雕工精美，呈现出玲珑剔透之美。屏风的插屏用边抹作大框，中间用子框隔出屏心，四周嵌装透雕螭纹的绦环板。屏心的玻璃可拆卸，上绘油画仕女观宝图，为乾隆时后配。玻璃油画是在玻璃上以油彩作画，此技法于明末清初由西洋传入我国。底座用两块豫木雕抱鼓墩，上竖立柱，仰覆莲柱头，以站牙抵夹。两立柱间施两根横枨，以短柱中分，两旁装透雕螭纹绦环板，枨下安八字形披水牙子，上浮雕螭纹。柱内侧打槽，嵌插可装可卸的独扇屏风。

黄花梨镶大理石插屏（明末清初）

白玉镂雕花虫图插屏（明）

嵌牙松鹤纹插屏（清）

折屏

又称"曲屏"、"围屏"，采用攒框做法，有四屏、六屏、八屏、十二屏等多种样式，多以偶数组成，扇与扇之间曲折相连，落地摆放，可根据需要移动。折屏是临时性陈设，可以专设于宫殿大堂，庄严肃穆；也可以设于床榻之后，起装饰作用；还可以放在书斋，起隔断空间的作用，增加室内空间的使用率。

黑漆彩绘人物折屏（明末清初）

折屏的屏心多使用雕刻、镶嵌、染织、刺绣、书法、绘画等装饰手法，表现山水人物、诗词歌赋等内容。此折屏十二扇，屏框描金龙纹、凤纹等动物纹，屏心黑漆彩绘人物纹，制作精美。

榆木雕龙纹折屏（清）

八扇屏心用木条攒接而成，空灵轻巧，便于摆放和折叠。绦环板透雕龙纹、瓶花纹等纹饰，扇与扇之间用铜销钩相连，可以随时拆卸，每扇都有木框制的大边，并都有足。

古典家具鉴赏与投资

挂屏

　　悬挂在墙上起装饰和陈设作用的屏条。挂屏有单挂屏、两屏一组的双挂屏、四屏一组的四挂屏、八屏一组的八挂屏，作为室内装饰，为广大人民群众喜闻乐见，一般成组成对，悬挂在中堂两侧，也可以在单挂屏两侧各挂一幅对联，极富民族特色。

　　挂屏出现在明代晚期，在清代风行一时，多陈设在宫廷后妃的寝宫、达官贵人的住宅、文人墨客的书斋里。

漆木嵌青花瓷七言挂屏一对（清）

　　屏心镶嵌青花瓷清代戴第元的七言联"一榻清风书叶舞，半窗明月墨花香"，墨意浓浓，适合挂在书房。

御制木嵌玉石杂宝"三多如意"挂屏（清）

　　挂屏的装饰技法丰富多彩，常见有嵌珐琅、百宝嵌、嵌瓷、嵌玉、嵌骨、彩绘、玻璃油画等。此挂屏制作精致，装饰华美，有很高的收藏价值。

支架类家具

架具是用于承载器物的家具，但承载物品的方式不同。架格是利用多层膛板来承载，形似无门的柜。架具是用立体结构支撑承物。架具的种类很多，有灯架、衣架、盆架、镜架、火盆架、鱼缸架、鼓架、兵器架、花盆架、盆景架、鸟架、灯笼架等，其中灯架、衣架和盆架是典型的传统家具。

灯架

是古时室内用来放置蜡烛或油灯的照明用具。灯架的形制有固定式、升降式和悬挂式三种。固定式和升降式灯架，下设木墩底座，中间竖立柱，上设托盘，有高有矮，能根据需要随意移动。

升降式灯架又叫"满堂红"，灯杆可上下升降，底座采用座屏形式，两个有亮脚的木墩用横枨相连接，木墩上设立柱，两边有站牙，立柱与横枨以榫卯相接。灯杆下有丁字形横木，横木两端出榫，插入底座立柱内侧的直槽中。灯杆和横木能顺直槽上下升降。灯杆从顶端横木的圆孔中穿出，孔旁设有木楔，当灯杆升降到需要高度时，用木楔固定即可。灯杆顶端设有托盘，托盘之下安倒挂牙子，上面放蜡烛或油灯，外罩有用竹或木材制成架子，外糊丝织物的灯罩。

悬挂式灯架下设底座，上竖挑杆，挑杆上端安装金属拐角套，带有吊环，可悬挂灯笼。

花梨木升降式灯架（清）

红木固定式灯架（清）

固定式灯架的底座形式多样，有方形、十字形、圆心形、圆墩形等。

衣架

　　古时专门用来搭衣服的架具。明清时期的衣架由横枨、立柱、中牌子、底座组成，立柱用圆材或方材制作，两根立柱和四根横枨组成衣架的基本框架，立柱下部足端和两块长方形墩子相接。立柱和座墩相接处前后安站牙，座墩挖有亮脚。两立柱间设中牌子，多由数块透雕精美的花板构成。最上端的横枨两端出挑，多圆雕出如意云头、龙首、凤头等各种形状的纹样，向上翘起，和立柱相交处设花牙。下面两根横枨和立柱相交处多设托角牙，起固定作用。

　　清代晚期，受西洋文化的影响，出现了专门悬挂西服的单柱式衣架。民国时期，还出现了将衣架和帽架二者结合起来的衣帽架。其形制为柱形，下有支腿，上有四至六个铜挂钩，用来挂衣服或帽子，也可将帽子直接扣在顶端。还有一种能挂在墙上的衣帽架，不占空间，挂衣帽的横杠可以旋转支出来，使用起来十分方便。

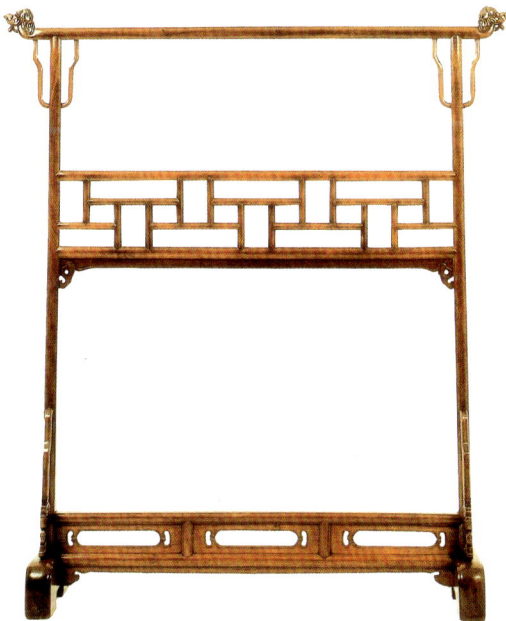

黄花梨雕灵芝纹衣架（明末清初）

紫檀嵌玉雕花鸟帽架

盆架

专门放置脸盆的架具。其形制有高、矮之分，矮盆架的盆面呈圆形、方形、多边形等形状，腿足有直式、弯式两类，直腿足端多雕刻净瓶头、莲花头、坐狮等纹样，弯腿多是三弯腿。足有三足、四足、五足、六足等，腿足间用横枨相连，其中，有些六足式盆架可以折叠。

高盆架除了可以放置脸盆外，还能搭挂洗脸巾。其形制多为六足式，最里面的两足加高成为巾架，中部有雕刻花纹的中牌子，最端的横枨用来搭挂洗面巾，两端出挑，多圆雕云头或凤首纹。

黄花梨六足式矮盆架（清）

黄花梨五足式矮盆架（明）

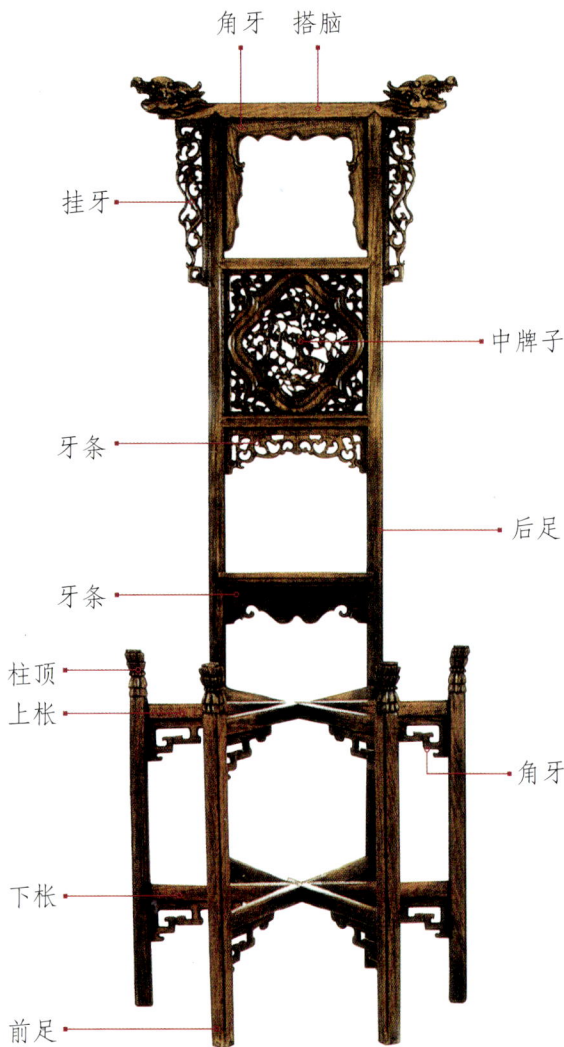

角牙　搭脑

挂牙

中牌子

牙条

后足

牙条

柱顶
上枨

角牙

下枨

前足

黄花梨雕花高盆架（清）

镜架

古时用来支放铜镜的用具，多为折叠式，其形制像缩小的交椅，制作精巧，可以将铜镜斜靠在上面，故又称为"交椅式镜架"。

镜台又称"梳妆台"，体积小巧，放在桌子上使用，分为宝座式、插屏式、折叠三种基本造型。宝座式镜台由宋代扶手椅式镜台发展而来；插屏式镜台在宝座式镜台的基础上增加屏风；折叠式镜台呈拍子式，从镜架发展而来，架下增添了两开门的台座，内设抽屉。

民国初期出现了穿衣镜，由立柱、底座、顶帽构成，镜子宽 40 厘米左右，高 150 厘米～180 厘米，底座和顶帽都雕刻花纹作为装饰。

黄花梨折叠式镜架（清）

镜架在宋代已流行，明清时仍在使用。此镜架镌刻精美，透雕喜鹊登梅、瑞兽衔灵芝、花卉等纹饰，寓意吉祥。

黄花梨五屏式镜台（明）

此镜台为五屏式，屏风脚底有榫交于座面，屏风部分十分稳固。中扇最高，左右递减，并依次向前兜转。搭脑均远挑出头，圆雕龙首，绦环板透雕花鸟麒麟纹。台座下设三具抽屉，下承三弯腿。

梓檀木宝座式镜台（清）

镜台设抽屉五具，后背透雕一品清廉纹，搭脑中间拱起，两端下垂，又略返翘，圆雕灵芝纹，扶手内侧安凤纹角牙，造型和雕饰都较简单。

黄花梨折叠式镜台（明末清初）

镜台上层边框内为支架铜镜的背板，能放平或支成斜面，攒框做出三层八格，下层中部方格内安可上下移动的荷叶式托，能支架不同大小的铜镜。中层中部方格安攒斗四簇云纹角牙。其余各格装板浮雕梅花纹。台座两开门，内设抽屉，三弯腿，外翻马蹄足。镜台各角均用铜饰件包角。

红木三屏十一斗弧面梳妆台（民国）

梳妆台是旧时小姐贵妇闺房中的必备家具，制作讲究，不惜用料，台面上的镜台与桌面皆以活榫相连，拆卸方便，合并后能当书桌使用。

天平架

　　天平是古时称银两使用的小秤，作为一种计量工具，主要在以白银为主要货币的时代使用。天平架可以将小块碎银的重量称得准确。天平挂在木架上，下有台座抽屉，上植立柱并架横梁。后来货币不用白银，这种天平在民间就很少见了。

黄花梨天平架（明）

　　木架下设底座，座下设两层抽屉，用来存放银两、砝码及凿白银用的锤凿等工具，并加锁。贴着抽屉箱的两侧端，在底座上竖立柱，用站牙抵夹。立柱上端安搭脑及挂天平的横梁。各个部件的交接处用铜叶包裹加固，和提盒的形制结构相似。

火盆架

　　是用来放置炭火盆的木架。我国长江流域一带，冬天湿冷，厅堂内多设火盆架燃炭火，用以取暖。

　　火盆架分为高、矮两种形制。高火盆架造型像一具方杌凳，板面开一圆洞用来坐入火盆。四根边抹中间各钉有一枚凸起的铜泡钉，支垫盆边，避免火盆和木架直接接触发生烧灼。矮火盆架高仅尺许，方框下有四足，足间安直枨或牙条，形制简单。

黄花梨六方雕花高火盆架（清）

天然木家具

又叫"树根家具"，是依据树根的天然形状，剥除树皮，去掉糟朽后，借其形态，做必要的修整、拼合，再反复髹漆，使之具有桌、椅、凳、架、几类家具的功能。

天然木家具质地坚硬，经久耐用，情趣自然，形态奇特，古朴典雅。尤其是那些天然藤根的疤、节、瘤、洞甚至残烂部位，经过巧妙构思，就可借势做出一些栩栩如生的艺术效果，情趣盎然。

天然木家具品类众多，式样变化无穷，品位高雅，虽早就有记载，但在明代才真正受到重视，并竞相造仿。清代天然木家具大为风行，并成为清式家具的一个重要品类，多见于著录、绘画和古典园林中。清代文人雅士多利用树根藤瘿制作家具，陈设在书房，以求典雅。

天然木圈椅（清）

天然木圆桌

天然木圈椅（清）

第五章 古典家具收藏与投资

　　古典家具有着独特的历史价值、艺术价值、实用价值及稀缺性，引得无数收藏人士追捧。明代家具简洁优雅，清代家具雍容华贵，成为收藏投资热点。收藏投资古典家具，不仅要掌握一些投资技巧，还要懂得日常保养常识。

收藏投资古典家具时，了解一些收藏投资要点，常见的作伪手法、鉴定技巧等知识，才能避免走弯路。

收藏投资要点

收藏投资古典家具，会评估古典家具的价值，知道哪些家具最具升值潜力，了解一些收藏术语以及选购技巧，是非常必要的。

❀ 评估古典家具的价值

明清古典家具的价值取决于材质、制作年代、制作工艺、种类、品相五个方面。

在家具用材方面，材质从贵到贱的排列次序是"一黄"（黄花梨）、"二黑"（紫檀）、"三红"（老红木、鸡翅木、铁力木、新花梨等）、"四白"（楠木、榉木、樟木、榆木等）。此外，红木类家具优于白木类家具。

从家具制作年代来看，明式家具贵于清式家具，清式家具贵于民国家具。

在制作工艺方面，主要看家具的结构与造型，表面的雕刻、镶嵌、打磨等装饰工艺，还要看是宫廷家具还是民间家具，宫廷家具优于民间家具。

古典家具按用途来划分，可分为厅堂家具、书房家具、卧房家具等。通常，厅堂家具、书房家具的艺术价值较高。此外，贵妃榻、香几等闺房家具也值得重视。

古典家具的部件是否完整，有没有更换过部件，这些都是决定其价值的关键因素。

黄花梨炕橱（明）

明清柴木家具将成为收藏重点

目前，由于明清硬木家具经过大肆宣传炒作，价格虚高，因而导致仿品泛滥。加之，明清硬木家具存世量少，市场上难觅踪迹，从中"捡漏"获利已非常不现实。所以，收藏明清硬木家具并不适合大众投资。因此，专家认为，收藏明清家具不妨将投资重点放在柴木家具上。

❀ 最具升值潜力的古典家具

近几年，明清家具依然是古典家具的收藏精华。最具升值潜力的明清家具有三类：一类是明代和清早期在文人参与下制作的明式家具，木质多是黄花梨；第二类是清代康熙、雍正、乾隆三代在皇帝亲自监督和宫廷艺术家指导下，由清宫造办处制作的宫廷家具，其木质多是紫檀木；第三类是明清红木家具，较好地体现了明清古典家具的遗韵。

这三类家具存世量有限，至今市场上的存有量总共不超过 1 万件。虽然现在这些家具的价格已很高，但从投资角度来看，这些保存良好的珍品家具仍最具升值空间。

❀ 常用收藏术语

开门：现代收藏术语，表示一件古家具肯定是真货。

爬山：专指修补过的老家具。

插帮车：用几件不同的家具部件拼凑成一件古家具，价值不高。

生辣：指老家具有较好的品相和成色。

皮壳：指老家具原有的漆层。漆面在长期与空气、水分接触的过程中，会被慢慢风化，出现皲裂。

蚂蟥工：指家具表面的浅浮雕装饰。浅浮雕凸出的部分，手感圆润，呈半圆状，宛若蚂蟥在木器表面爬行，故名。

坑子货：指做工不好或材质较次的家具，也指新仿的家具和收进后好一直脱不了手的家具。

调五门：包含两种意思。一是古时检测家具做工或测木匠手艺的方法。古

紫檀雕云龙纹三层长方宝盒（清乾隆）

人认为五足梅花凳的工艺要求最高，所以就让木匠做好一张梅花凳，放在沙地上按下梅花凳的足印，随后，拿起梅花凳转一个角度，再去合足印，如转五次后都能和第一次的足印重合，说明木匠的手艺的确高明；二是赞扬木家具制作精细，可以经受"调五门"检验。

玉器工：红木家具表面常见有参照汉代玉器纹饰和工艺的浅浮雕。

吃药：指买进了假货。

后加彩：指在描金柜等漆面严重褪色的老家具上重新描金绘彩。

❀ 选购红木家具

选购红木家具首先要注意红木的名称，按照国家颁布的《红木国家标准》规定的红木属性和类别去选购。现在市场上的红木名称非常不规范，购买红木家具时，一定要厂商注明红木的类别及拉丁文名称，以免上当受骗。

用来制作红木家具的木材木质差别较大，有贵有贱，价格相差较为悬殊，选购时一定要弄清楚用的是什么材质的红木。

查看红木家具的制作工艺，是选购红木家具最关键的要点。要重点查看红木家具的色泽、纹理是否自然，造型是否美观，榫卯结构是否牢固，线条是否流畅，包浆或漆膜是否光滑透亮，雕刻是否清晰，镶嵌是否完整等。此外，选

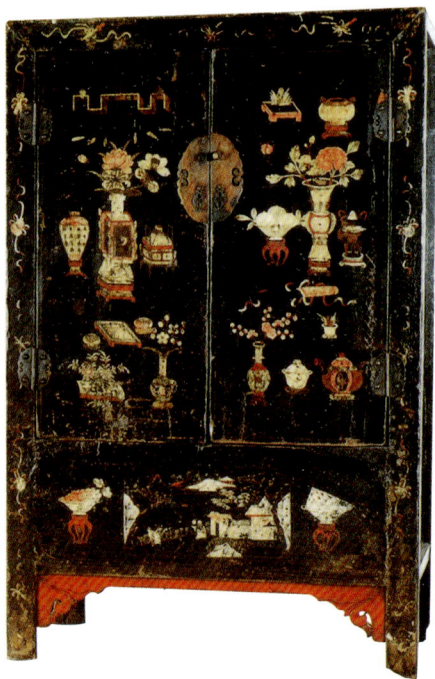

黑漆描金博古图方角柜（清）

红木香几（清）

此几曲线优美，做工精细，清雅脱俗，为清代雍正年间造办处所制。

购红木家具要注意选择大企业生产的家具，还要货比三家，多方咨询，不受低价格的诱惑。

常见作伪手法

古典家具和其他各类艺术品一样，市场上充斥着大量赝品，而且作伪手段越来越高明。有些投机商人为骗取不义之财甚至不惜破坏古典家具原物。

✿ 假冒良木

利用一些红木和白木在色泽和纹理上不易分辨的特点，以白木制成家具，进行染色打蜡，混充红木家具，使人难辨真伪。也有在白木家具的表面贴一层极薄的红木皮，伪装成红木家具，待价而售。在包镶家具的拼缝处上色和填嵌，进行修饰，以假乱真。此外，利用老房子中的建筑木料，或残损的古家具部件来制作仿古家具，当作古家具出售。

✿ 拼凑改制

古典家具在流传过程中，往往因保存不善，导致构件残破缺损严重。于是，就有人将非同类品种的残余结构，拼凑成一件古家具。这种古家具既没有多大实用价值，又缺少收藏价值，却极易让人上当受骗。常见的拼凑改制手法如下：

架子床改罗汉床：架子床的床围以上构件较多，可拆卸，在传世中容易散失不全。像缺失了立柱的架子床，投机商人就会在床座上配床围子，仿制成罗汉床出售。

黄花梨束腰方凳（明）

黄花梨方桌（明末清初）

软屉改硬屉： 也叫"调包计"，明式椅凳多采用软屉，软屉由藤、棕、丝线等编成，虽舒适柔软，但不易保存，多数都已损毁。投机商人便会将明式椅凳损坏的软屉改为硬屉出售。

常见品改罕见品： 利用人们"物以稀为贵"的心理，把古典家具中不好卖的常见品改成罕见品。如把传世较多的半桌、大方桌、小方桌改制成罕见的抽屉桌、条案、围棋桌，以牟取高额利润。

化整为零： 将一件完整的古典家具拆散后，依构件原样仿制一件或多件，然后把新旧部件混装成各含部分旧构件的两件或多件家具。此种作伪手法极为恶劣，带有很大的欺骗性，而且严重地破坏了古典家具的收藏价值。

改高为低： 把高型家具改为低型家具，以适应现代生活的起居方式。如将桌椅改低，以方便在椅子上面铺设软垫，将桌子放在沙发前。

❀ 作旧

在新仿古家具上伪造使用痕迹，使其具有古家具的风貌。常见的作旧方法有：

表面作旧： 在新仿古家具上泼淘米水和茶叶水，再放在室外，经受风水雨淋。在两三个月的时间里，反复操作几次后，家具表面就会自然开裂，木色发暗，显现出古旧气息。也有的投机商人将新仿家具的一截腿子埋在烂泥地里，过一段时间，这截腿子就会褪色，有深深的水渍痕。然而真品的水渍痕则较浅。

伪作包浆： 古典家具在传世过程中正常使用而留下来的痕迹，叫做"包浆"。自然形成的包浆，温润光滑，手感柔和，透明度好。伪作的包浆，仔细观察，可见不自然之状，手感腻涩，甚至黏手，有些包浆甚至出现在不经常抚摸的地方。

鉴定技巧

鉴定古典家具真伪可从用材、品种、造型、纹饰、构件造法、款识等着手。

❀ 用材

明清家具的用材有着鲜明的时代特点。因此，辨别木材是鉴定家具年代最基础也是最重要的要点。附属用材，也在一定程度上也可反映古典家具的制作年代。

紫檀、黄花梨、鸡翅木、铁力木四种木材，在清代中期以后日见匮乏，成为珍稀木材。因此，传世的明清家具中，凡是用这四种木材制作的家具，又没有改制痕迹，大多是传世已久的明式家具原件。而在传世硬木家具中，凡是用红木、新花梨和新鸡翅木制作的家具，多为清代中期以后直至晚清、民国时期所制。若有用红木、新花梨或新鸡翅木制作的明式家具，则大多是近代的仿制品。

黄花梨南官帽椅（明）

明清榉木家具在造型上较为一致，多为明式家具的式样。即使是清代中期乃至更晚时期的榉木家具，仍然沿用明式家具的制作手法。因此，应结合其他方面来对榉木家具进行断代。

古典家具上镶嵌的大理石、岩山石和广石，虽外形相似，但大理石的开采使用，远早于岩山石和广石。一般白铜饰件的使用早于黄铜饰件。

此外，仿制的古典家具大多对木材没有进行很好的烘干处理，容易开裂、起翘。一件古家具的各个部件是否原配，有没有替用木材，也是鉴定的重点。

❀ 品种

明清时期家具的品种，往往与年代关系密切。有些出现较早的家具品种，常在清代以后就不再流行。如在明代流行的圈椅，进入清代以后便逐渐不做了。像花篮椅、折叠椅是清代才出现的家具品种。圆靠背交椅，基本上都是明式家具。茶几是一种清式家具，在传世的大量实物中，未见有年代较早的，多为红木、新花梨木制作。

❀ 造型

古典家具的造型是判断其年代的重要依据。大多数明清家具的年代都可以从其造型上的变化来判断。

明式罗汉床多是独板围子，束腰，马蹄足；清式罗汉床多是五屏风或七屏风，马蹄足呈正方形或长方形，正面牙条多浮雕五宝珠或洼堂肚。

黄花梨圆后背龙纹寿字交椅（明）

明代架子床的床围子多采用直棂攒成格子花；清代架子床比明代架子床用料粗壮，形体宽大，床围子采用栏框式做法。

明式扶手椅的扶手多采用联帮棍结构；清式扶手椅的扶手和椅背多作成三屏风式，中部高，两侧依次递减。

明式官帽椅的椅背略向后倾，背板多为曲线形，腿部多采用步步高式管脚枨；清式官帽椅的椅背是平直的，腿部多采用四面平管脚枨。

明式坐墩形制胖矮，式样简单。清式坐墩形制瘦高，式样丰富，有圆鼓形、海棠形、多角形、梅花形、瓜棱形等形式。还有一种四足呈如意柄状的清式座墩，形体兼有矮胖、瘦高两种。

明式架格的隔板多是通长一块；清式架格的隔板多是立墙分隔。多宝格则是清代乾隆时期开始流行的家具式样，安装玻璃柜门的陈设柜，则在清代晚期才出现。

纹饰

明清古典家具的装饰纹样，具有鲜明的时代特点，是鉴定家具制作年代的最好依据。

明式家具的纹饰追求雅逸、文人的风格，运用适度，以松、竹、梅、兰、石榴、

黄花梨架子床（明）

巴林石鉴赏与投资	78	2009-05	巴林石精品赏析–巴林冻石	45	2008-09
大漠奇石瑰宝	320	2008-08	百姓收藏图鉴–宝石	48	2006-08
奇石图录	50	2005-06	神奇的大漠石	380	2005-06
青 铜 器					
历代铜器鉴定与辨伪	78	2011-05	百姓收藏图鉴–铜器	50	2010-01
赵汝珍说铜器	78	2011-04	百姓收藏图鉴–铜镜	48	2005-07
中国青铜器鉴定实例	88	2009-01	你应该知道的200件–铜镜	78	2005-07
中国古铜镜鉴赏图录	50	2005-06	你应该知道的200件–青铜器	78	2005-07
中国青铜器图录（上下册）	100	2005-06			
佛 像 类					
佛教美术丛考续编	49.8	2010-01	石雕造像鉴赏	50	2009-05
金申趣谈古代佛像	88	2009-11	观音造像鉴赏	50	2009-05
两家藏古代佛像	640	2009-01	历代佛像真伪鉴定	88	2005-07
金佛铜像价值考成（上下册）	180	2005-07	百姓收藏图鉴佛教文物	48	2005-07
你应该知道的200件–佛像	78	2005-07			
杂 项 类					
契丹文珍稀符牌考释图说	78	2011-07	玩转文房	78	2011-06
中国古代玻璃鉴赏图录	78	2010-03	赵汝珍说文房	78	2011-06
金伯兴题记经典砖拓二百品	148	2009-10	赵汝珍说杂项	78	2011-04
中国历代酒具鉴赏图典	78	2009-05	洪丕谟说文房四宝	78	2010-07
中国现代刻字研究	60	2010-09	高濂说文物鉴藏	78	2011-06
红山实器	480	2009-09	瑰宝遗梦：恭王府流失文物寻踪	42.8	2010-10
中国古代兵器鉴赏	78	2008-11	百姓收藏图鉴–钟表	50	2010-01
2008新中国邮票鉴赏图典	128	2008-05	百姓收藏图鉴–笔筒	50	2009-02
水晶价值考成	90	2005-07	百姓收藏图鉴–竹雕	48	2009-02
百姓收藏图鉴文房用品	48	2005-07	你应该知道的200件–玻璃器	78	2008-12
鼻烟壶价值考成	90	2005-06	你应该知道的200件–鼻烟壶	78	2008-03
古代印章价值考成	90	2005-06	你应该知道的200件–雕漆	78	2008-01
中国近现代绘画鉴赏图录（近现代卷）	100	2005-06	你应该知道的200件–古代陶俑	78	2007-08
中国老烟标图录（上下册）	100	2005-06	你应该知道的200件–钟表	78	2005-07
新中国早期烟标图录（上下册）	100	2005-06	故宫收藏你应该知道的200件–官印	78	2008-01

北京春晓伟业图书发行有限公司书目

书名	单价	日期
家具类		
中国古代家具鉴定实例	88	2010-01
中国明清家具价值汇典(上下册)	700	2008-03
古家具收藏鉴赏百科	80	2008-01
民国家具价值汇典	98	2007-11
西洋古典家具价值汇典	98	2007-11
明清竹雕精品鉴赏	98	2007-11
中国明清家具价值考成-柜橱类	96	2005-06
中国古代家具价值考成-几案类	96	2005-06
中国古代家具价值考成-架格类	96	2005-06
中国古代家具价值考成-屏蔽类	96	2005-06
中国古代家具价值考成-坐卧类	96	2005-06
紫砂类		
紫砂古籍今译	98	2011-01
紫砂收藏鉴赏百科	78	2008-01
紫砂壶全书	198	2007-03
紫砂壶价值考成	90	2005-06
紫砂铭壶鉴赏	29.8	2005-06
寿石类		
青田石鉴赏新编	88	2011-02
巴林石鉴赏新编	88	2011-02
青田石鉴赏与投资	78	2009-05
青田石鉴赏与投资	78	2009-05
昌化石鉴赏与投资	78	2009-05

书名	单价	日期
家具类		
你应该知道的131件-黄花梨家具	78	2008-03
你应该知道的200件-紫檀家具	78	2008-03
名家木雕精品-传统人物-弥勒	20	2008-03
名家木雕精品-传统人物-达摩	20	2008-03
名家木雕精品-传统人物-观音	20	2008-03
名家木雕精品-传统人物-关公	20	2008-03
名家木雕精品-传统人物-福寿	20	2008-03
中国根雕图录	50	2005-06
中国明代家具图录	50	2005-06
中国清代家具图录	50	1999-10
明清家具价值评估	120	1990-02
紫砂类		
百姓收藏图鉴-紫砂	50	2009-02
你应该知道的200件-宜兴紫砂	78	2005-07
中国紫砂图录	50	2005-04
中国紫砂鉴赏	50	2005-06
宜兴紫砂	280	2005-07
寿石类		
集石斋藏品录-寿山石选	60	2009-11
百姓收藏图鉴-四大名石	50	2009-02
中国石鉴赏图录	50	2008-09
巴林石精品鉴赏-巴林石印章	45	2008-09
巴林石精品鉴赏-巴林图案石	45	2008-09

灵芝、莲花等植物题材，和山石、流水、村居、楼阁等风景题材较为多见。还大量采用方胜、盘肠、万字、如意、云头、曲尺纹等带有吉祥寓意的母题纹饰。

清式家具的纹饰追求华丽富贵的贵族风格，装饰繁缛，以鹿鹤同春、年年有余、凤穿牡丹、早生贵子、双龙戏珠、五福捧寿、龙凤呈祥等吉祥图案为主。

紫檀海水龙纹金漆山水图方角柜（清乾隆）

明清古典家具上的麒麟纹、龙纹、云纹之别

对于那些在明清古典家具中都常用的纹饰，需要重点掌握它们在构图和形象刻画上的细微差别。

明代中期的麒麟纹为卧姿，前后腿都跪卧在地；明晚期至清早期的麒麟纹多为坐姿，前腿伸直，后腿跪卧在地；清代康熙以后的麒麟纹采用站姿。

明代龙纹大多雄劲有力，细脖，头略小，龙发呈怒发冲冠状，龙眉上耸，五爪呈轮状。清代龙纹，龙发不再上耸，而是披头散发，龙身臃肿。到清代乾隆时期，龙眉朝下，龙尾加长，龙的额头上凸起七个圆包，有的专家称为"七朵梅花包"，正中稍大，其余略小，四爪。清乾隆以后，龙纹姿态呆板，龙鼻肿大，俗称"肿鼻子龙"。

明代云纹多为四合如意云纹、朵云纹、流云纹。清代康熙时期，云纹大多为一个大如意纹下无规律地加几个小漩涡纹，然后在左侧或右侧加一个小云尾，很少见到上下有云尾的。雍正时期的云纹较小，且都连接有细长的云条，流畅自如，很少有尖细的云尾。乾隆时期的云纹有三种形式：1. 起地浮雕，以一朵如意云纹作头，从正中向下一左一右相互交替，通常五朵或六朵相连，在下部留出云尾。2. 满布式浮雕，有规律地斜向排列几行如意云纹，然后用云条连接起来，云头从正中向四外逐渐加深雕刻，连接的云条低于云朵，图案显出立体感。3. 无规律满布式浮雕云纹。明式家具上的云纹多为起地浮雕，较少满布式浮雕。

✿ 构件造法

利用古典家具上某些构件的造法，也可以鉴定家具的年代。具体鉴定时，需要结合整体造型去做判断。

搭脑：靠背椅和梳背椅的搭脑中部高起，晚于直搭脑。广式靠背椅的搭脑和后腿上端多格角相交。苏式靠背椅的搭脑和后腿上端多用挖烟袋锅榫，且出现的时代较早。

屉盘：苏式家具的屉盘多为软屉，少有硬屉。传世的软屉家具，大多可视为苏州地区制造。硬屉家具多是广州或其他地区所造。

牙条：桌几牙条与束腰分开做的，要晚于一木连做的。广式椅子看面的牙条若为一直条，或带极小的牙头，出现的时代较晚。清式夹头榫条案的牙头宽大，臃肿笨拙。

枨子：明式家具多用直枨；清式家具多用罗锅枨。

卡子花：明式家具的卡子花疏朗俊秀，常用双套环、吉祥草、云枝、寿字、方胜、扁圆等式样；清式家具的卡子花繁琐硕大，有花朵果实、扁方的雕花板块或镂空的如意头等。

紫檀木雕龙纹嵌螺钿手卷盒（清）

腿式：明式家具的腿子有直腿、鼓腿彭牙、三弯腿等，自然流畅，遒劲中寓柔婉；清式家具的腿子多是直腿，并常作矫揉造作的弯曲，在腿中部以下削去一段，并向内骤然弯曲，至马蹄之上又向外弯出。

马蹄足：明式家具马蹄足向内或向外兜转，优美劲峭；清式家具马蹄足呈长方或正方形，并多用回纹，呆板落俗。

✿ 款识

古典家具上的款识大体有纪年款、购置款、题识三类，对鉴定家具年代有很重要的参考价值。

纪年款是家具的某一部位或写或刻，表示家具制作年代的款识，如"大明某年制"、"大清某年制"等。购置款表示某年某月于某地购得此家具。题识多是家具上的历史名人题记。

古典家具上大多没有款识，遇到有款识的家具，要参考历史文献，查考其真伪，并结合家具的材质、造型、工艺等方面进行全面分析，才能得到正确的结论。千万不能看到家具上有明清款识就将之当成明清家具。

日常保养

古典家具，尤其是明清时期的硬木家具，凝聚着古代工匠的聪明才智，多是些精美的工艺品。由于明清硬木家具都是在日常使用中传世的，并在表面形成包浆。只有对古典硬木家具进行科学的日常保养，才能达到收藏的目的。

摆放原则

摆放古典硬木家具时，要遵循一定的原则，切不可随意摆放，使家具受到不必要的损伤。

防晒：在太阳光久晒下的家具，表面温度很高，容易使木头内部水分失去平衡，造成裂痕或翘曲。因此不宜让硬木家具在太阳光下长时间照射。可以在室内安装百叶窗、遮阳板、凉棚，给门窗上装帘，避免阳光直射家具。

防火：摆放古典家具的环境中要有严格的防火措施，避免家具受火烧而损毁。

防潮湿：潮湿的地方，会使古典家具产生霉变。不要贴着墙壁摆放家具，太贴近墙壁的话，墙上产生的水汽会使家具受潮，遭到侵蚀和损坏。因此，最好和墙壁保持一厘米的距离摆放家具。如果平房地势较低，室内地面潮湿，就要将家具腿足适当垫高，避免腿部受潮气腐蚀。

红木南官帽椅、方桌（清早期）

防干燥：不宜将古典家具摆放在过于干燥的环境中，尤其是靠近火炉、暖气等高温高热处，这样会造成家具皲裂。如果室内太干燥，可以种植观叶盆栽植物，也可以放盆清水。

此外，古家具上忌放置音响设备。因为在使用音乐设备时，会产生振动，可能会引发谐振，损坏家具。避免将过热的物品直接放在桌上，以防破坏家具表面的包浆。也要避免长期在家具表面放置电视、鱼缸等过于沉重的物品，以免家具变形。不宜在带有软屉的家具屉上放重物或钝器，以免压坏或划伤屉面。也不宜在家具桌面铺塑料布之类的不透气材料。

搬运原则

搬运古典家具时应小心轻放，抬离地面，忌利器硬物撞击，造成损伤。码放时，遵循最下层放坚实、厚重的家具。床容易散架，不宜放在最底层。搬运时，先摘掉床围子和立柱，然后小床腿足对着大床面，逐层叠放，最后捆绑床围子、立柱等部件，置放在床腿间的空挡中。码放椅凳类家具时，将椅面与椅面码放在一起，然后捆好。如果椅凳类家具嵌石面，就要四脚朝天放置，降低重心，才不致损坏。搬运桌椅类家具时，不能抬面，否则容易脱落，应从桌子两帮和椅子面下去抬。搬运柜子，也要先卸下柜门再搬，可以避免柜门活动，减少重量。对于那些特别重的家具，可用软绳索套入家具底盘下提起再搬运，忌生拉硬拽。

除尘清洗

通常，新买来的古旧家具，都要进行除尘和清洗。古旧家具多来自旧货市场或二手市场，经历复杂，而且是木质，容易受到细菌和害虫的侵袭。因此，对古旧家具进行必要的除尘、清洗，可以

榉木透雕螭龙纹罗汉床（清）

有效地防止家具损坏。

除尘：新买来的旧家具不要直接摆放在室内，而应先放在室外隔离，进行除尘。除尘时，先用细软的毛刷拂去灰尘，再用干软的棉布顺着木纹来回轻轻擦拭。对于家具缝隙处及隐蔽处的灰尘，难以擦拭掉，就可以选用吸尘器吸取。千万不能用鸡毛掸、湿布和毛巾，鸡毛会划伤家具表面；湿布会使灰尘形成颗粒，擦拭后会损害家具表面的包浆成色；毛巾上的小环会剐到家具的转角、雕花及细小的裂纹处，损伤家具。

清洗：清洗古旧家具常用的方法是用酒精擦拭。酒精具有软化家具表面污垢的功效，不损伤木质，使用方便。而对于那种表面油污厚重、木质坚硬的古旧家具，单用酒精擦拭会清洗不干净。这时，需要在温水中加入适量清洁消毒剂，将百洁布、细软的钢丝棉蘸湿擦拭，也可用稍硬的棕刷擦洗。必要时还可用木片、竹片来剔除污垢。清洗完古旧家具后，要将家具晾晒在无风、阴凉、干燥的地方。然后仔细检查家具的结构是否开榫、松动，若有就要及时修理。

上蜡保养

清除古典家具的表面灰尘之后，还需要进行上蜡保养。蜡层具有保护家具的作用，会使家具焕然一新，还可以防磨损，避免家具表面产生刮痕。收藏的古典家具在使用一段时间之后，都要定期上蜡保养。

蜡的种类不少，但适合使用的只有喷蜡、蜂蜡、水蜡、亮光蜡，千万不能用汽车蜡。民间相传用胡桃肉揩擦桌面能保护桌面的说法不科学，不宜使用。

上蜡时，要由浅入深、由点及面进行，使蜡均匀分布在家具表面。一般每半个月上一次蜡即可。而且，上蜡一定要在对家具除完尘进行，否则会在家具表面形成蜡斑。

对硬木家具进行"上油"处理，好吗?

有些人喜欢对硬木家具进行"上油"处理，认为这样能对家具起到保护作用。虽然大量的古代藏品都可以"上油"处理，然而对硬木家具来说，"上油"并不好，一方面容易污染衣物，另一方面油脂本身属于有机物质，容易遭到细菌的污染。

翻新修复

翻新修复古旧家具是一个复杂的过程。在采用传统工艺时，需要经过多道工序和检验，才能做到与原件的神韵一致。具体修复时，需要注意的工序是拆散、清除木构件上的鱼鳔胶和异物以及试组装。

拆散：遵循少拆为好的原则。根据家具损坏的情况来决定拆散的程度。对要拆散的部位，一定要在各个部件上标好序号，才能保证能按原样安装。拆散时，用热水浸泡榫卯处，家具就可以轻松拆开了。

清除木构件上的鱼鳔胶和异物：用热水和刷子冲刷木构件的榫卯结构，修洗干净鱼鳔胶后，用刨刀或刮刀在榫头轻刮，直至出现木碴。接着，仔细清理残留在榫眼中的异物，以免涨榫，再次损害木部件。家具部件清洗后，必须在阴凉通风的地方晾干，才能试装配。

试组装：采用绳子捆扎、卡子卡、支压的方法试组装古旧家具。如果榫卯松懈，加木楔不方便，可在榫头的一面或两面用鱼鳔胶贴一层棉布。

此外，一些传世的古旧家具上遗失了一些金属饰件等部件，补配时要与原件一致。可到专门制作各种仿古饰件的厂家去选购。对古旧家具上修理过的部位，还要经常注意观察有没有出现新的变化。

黄花梨折叠式禅凳一对（明）

参考资料

王世襄：《明式家具研究》，北京：生活·读书·新知三联书店，2008。

于伸：《木样年华——中国古代家具》，天津：百花文艺出版社，2006。

姜维群：《民国家具的鉴赏与收藏》，天津：百花文艺出版社，2004。

胡德生：《古家具收藏与鉴赏》，西安：陕西人民出版社，2008。

胡德生：《中国家具真伪识别》，沈阳：辽宁人民出版社，2004。

李德喜、陈善钰：《中国古典家具》，武汉：华中理工大学出版社，1998。

路玉章：《中国古家具鉴赏与收藏》，北京：中国建筑工业出版社，2006。

路玉章：《住老手艺——传统古家具制作技艺》，北京：中国建筑工业出版社，2007。

聂菲：《中国古代家具鉴赏》，成都：四川大学出版社，2000。

朱家溍：《明清室内陈设》，北京：紫禁城出版社，2008。

张加勉：《中国古典家具收藏鉴赏500问》，北京：中国轻工业出版社，2009。

陆志荣：《清代家具》，上海：上海书店出版社，1999。